Basiswissen Ingenieurmathematik
Band 2

Georg Schlüchtermann · Nils Mahnke

Basiswissen Ingenieurmathematik Band 2

Lineare Algebra 1: Vektoren, Matrizen, lineare Gleichungssysteme und Abbildungen

Springer Vieweg

Georg Schlüchtermann
Fakultät für Maschinenbau,
Fahrzeugtechnik und Flugzeugtechnik
Hochschule München
München, Deutschland

Nils Mahnke
FOM Fachschule für Oekonomie und
Management gGmbH
Hochschulstandort Hamburg
Essen, Deutschland

ISBN 978-3-658-38481-4 ISBN 978-3-658-38482-1 (eBook)
https://doi.org/10.1007/978-3-658-38482-1

Die Deutsche Nationalbibliothek verzeichnet diese Publikation in der Deutschen Nationalbibliografie; detaillierte bibliografische Daten sind im Internet über http://dnb.d-nb.de abrufbar.

Cartoons von Mikaado-Grafikdesign, Stelle, Deutschland

Planung/Lektorat: Eric Blaschke
Springer Vieweg ist ein Imprint der eingetragenen Gesellschaft Springer Fachmedien Wiesbaden GmbH und ist ein Teil von Springer Nature.
Die Anschrift der Gesellschaft ist: Abraham-Lincoln-Str. 46, 65189 Wiesbaden, Germany

Vorwort

Dieser zweite Band setzt unsere Reihe über die Inhalte der Ingenieurmathematik im Bachelorstudium fort. Nach den Grundlagen im ersten Band wird jetzt ein erstes zentrales Gebiet der Mathematik behandelt - das der linearen Algebra. Auch hier bleiben wir unserem Konzept treu, die notwendigen Themen kompakt aufzubereiten und bieten dieses Gebiet, das vor allem aus der Anschauung heraus motiviert ist, in zwei Bänden an, von denen Sie gerade den ersten Band lesen. Die lineare Algebra ist ein wesentlicher Bestandteil eines jeden Lehrkanons an Fachhochschulen und Universitäten. Dieser Band richtet sich vor allem an angehende Ingenieurinnen und Ingenieure, kann aber auch Mathematik-Studierenden als Nachschlagewerk dienen, wobei Beweise inhaltlich eine untergeordnete Rolle spielen.

Gerade die lineare Algebra zeigt in ihrer Entwicklung, wie sie einerseits die praktischen Berechnungen und Konzepte in Physik und Ingenieurwissenschaften bereichert und andererseits zu neuen Konzepten innerhalb der Mathematik führt. Eine aktuelle Anwendung, die aus einem solchen Zusammenspiel hervorgegangen ist, findet sich heutzutage im Gebiet des „Machine Learning“ bzw. der künstlichen Intelligenz.

Die Inhalte der linearen Algebra dieses und des nachfolgenden Bandes legen damit den Grundstein, um auf vielen Gebieten der aktuellen technischen Anwendungen und Forschungen nach einem abgeschlossenen Studium aktiv mitwirken zu können.

Wie bereits im Vorwort zum ersten Band wollen wir auch hier Hinweise geben, wie man mit dem Stoff umgeht und gleichzeitig das Erarbeitete so erlernt, dass es nicht nach der ersten Prüfung in Vergessenheit gerät. Mathematik kann man nicht auswendig lernen, man muss sie abschnittsweise begreifen und ihre Methoden trainieren. Auf einer solchen Basis lassen sich die Inhalte schrittweise dann zu einem Gesamtbild mit den notwendigen Zusammenhängen verbinden.

Die wenigsten mathematischen Gebiete lassen sich nebenher erarbeiten. Es ist eher notwendig, sich ein ruhiges Umfeld zu schaffen und die not-

wendige Lernzeit zu investieren. Sicher lassen sich einige mathematische Ergebnisse schnell nachlesen, aber das Grundverständnis verlangt nach einer ruhigen Lernumgebung.
Wenn man sich einen Teil des Inhalts dieses Buches erarbeitet hat und meint, ihn begriffen zu haben, so bilden die Kurzaufgaben zum Verständnis so wie die Übungen eine gute Gelegenheit, diese Annahme zu kontrollieren. Gerade Übungsaufgaben eignen sich hervorragend, den Stoff zu wiederholen bzw. ihn noch einmal durchzuarbeiten.
Lösungen zu den Kurzaufgaben sind diesem Band beigefügt, allerdings nicht die der Übungen. Wir haben uns gegen das Einbinden von Lösungen entschieden, da wir nur allzu oft beobachten mussten, dass viele Studierende immer zuerst nach den Lösungen fragen, bevor sie selber überhaupt an einem Weg zur Lösung einer Übungsaufgabe gearbeitet haben. Ein solches Vorgehen führt zu zwei Problemen. Zum Einen verleitet es zu der irrigen Annahme, dass man mit Mustererkennung alle Übungen und vor allem Klausuren lösen könnte und zum anderen verhindert es eine Entwicklung der eigenen Fähigkeit, mathematische Probleme wirklich zu verstehen und zu lösen. Gerade Letzteres ist aber eine Grundvoraussetzung für ein kreatives und erfolgreiches Arbeiten in einem technischen und wissenschaftlichen Umfeld.
Wir haben diesem Band wieder einige Probeklausuren beigefügt, deren Aufgaben nach Schwierigkeitsgrad und die Probeklausuren selber nach Lösungsdauer gestaffelt sind.
Den Lernstoff muss man, wie Francis Bacon einmal treffend bemerkte, kauen und verdauen. Ein bloßes Nippen und kurzes Wiederkäuen reicht für ein nachhaltiges Können in der Mathematik nicht.
Mit der richtigen Einstellung und dem richtigem Maß an Durchhaltevermögen wird die Beschäftigung mit dem Gebiet der linearen Algebra dann auch Freude machen und eine große Tür zum Verständnis vieler Verfahren, Konzepte und Methoden in Naturwissenschaften und Technik aufstoßen, wo sie doch für die Anwendung so wichtig und für spätere Gebiete in der Mathematik von zentraler Bedeutung ist.
Unser besonderer Dank gilt Mikaado-Grafikdesign Monika Mahnke für das Erstellen der mathematischen Comics zu unserem Lehrbuch und Herrn Eric Blaschke für das detaillierte Lektorat.

Prof. Dr. Nils Mahnke Hamburg und München, im Sep. 2022
Prof. Dr. Georg Schlüchtermann

Abbildungsverzeichnis

Inhaltsverzeichnis

1. Einleitung

Wie der erste Band der Reihe “Ingenieurmathematik” so richtet sich auch dieser vor allem an Studierende und Lehrende an Fachhochschulen und Universitäten, die nicht hauptsächlich an einem reinen Mathematikstudium interessiert sind.
Dieser Band führt in das große mathematische Gebiet der linearen Algebra ein. Hier begegnen wir der Geometrie und können viele Begriffe und Konzepte durch die Anschauung motivieren.
Wie der der Name des Themengebiets schon andeutet, besteht er aus den Begriffen „linear“ und „Algebra“. Gerade die Algebra bildet zusammen mit der „Analysis“ den Großteil der Mathematik. Anders als die Analysis tritt in der Algebra die Axiomatik stärker in den Vordergrund. Die Bezeichnung „linear“ bezieht sich auf die Art der zugrundeliegenden „ebenen“ Geometrie, deren Grundlagen in diesem Werk behandelt und im Folgeband fortgesetzt und erweitert werden.
Nach der Einleitung führen wir anschaulich in den wichtigen Begriff des „Vektorraums“ ein und leiten daraus die axiomatische Festlegung des Vektorraums ab. Wir behandeln die lineare Struktur des Vektorraums, sowie Spezialfälle, in denen man auch „Multiplikationen“ und Produkte erklären kann und kommen abschließend zum Konzept des „euklidischen Vektorraums“. Welches vor allem für mechanische und physikalische Beschreibungen zentral ist.
Wesentlich für die Mathematik stehen die Abbildungen zwischen Objekten im Mittelpunkt, und dies wird im dritten Kapitel angestoßen. Als natürliches Konzept bei der Übertragung linearer Strukturen von Vektorräumen führen wir die linearen Abbildungen ein. Mit ihnen beginnt dieses Kapitel und leitet zu den die linearen Abbildungen beschreibenden Strukturen über, den Matrizen. Matrizen stellen Objekte dar, die innerhalb und vor allem außerhalb der Mathematik unentbehrlich sind. Physik, Wirtschaftswissenschaften und Ingenieurwissenschaften verwen-

G. Schlüchtermann und N. Mahnke, *Basiswissen Ingenieurmathematik Band 2*,
https://doi.org/10.1007/978-3-658-38482-1_1

den diese, um nur einige zu nennen. Auf dem Gebiet der künstlichen Intelligenz sind sie nicht wegzudenken.
Eingeführt wurden die Matrizen vor allem, um im vierten Kapitel lineare Gleichungssysteme schnell und effizient zu lösen, nach der Behandlung des Gaußschen Eliminationsverfahrens.
Eine erneute Betrachtung des Zusammenspiels von Matrizen und linearen Abbildungen stellt schließlich das fünfte Kapitel dar. Anhand von Anwendungsbeispielen wird abschließend ein weiteres wichtiges Konzept innerhalb der Mathematik angesprochen, das des Eigenvektors. Mit diesem und den weiteren daraus ergebenen Folgerungen und Anwendungen beschäftigt sich der dritte Band dieser Reihe als Fortsetzung der linearen Algebra.
Wie im ersten Band haben wir jeden größeren Abschnitt mit Kurzfragen zum Verständnis und einer Reihe von Übungsaufgaben versehen.
Dabei haben wir die Übungen zu den einzelnen Kapiteln subjektiv nach ihren Schwierigkeitsgraden in die folgenden Klassen eingeteilt [1] :

Kl A: Routineaufgaben, die aber auch methodisch aufwendig sein können

Kl B: Aufgaben, die mittels der behandelten Sätze lösbar sind, aber ein erweitertes Verständnis erfordern

Kl C: Aufgaben, die zusätzlich (zu den Anforderungen in B:) oft eine Idee und den richtigen Überblick erfordern

Kl D: Aufgaben, zu deren Lösung ein tiefes Verständnis, ein sehr guter Überblick und viel Phantasie erforderlich sind

Die Einbindung von Anforderungen auf dem D-Niveau, soll hier vor allem deutlich machen, dass Mathematik zwar Rechenformalismen verwendet, aber schlussendlich sich in einem viel umfassenderen Kontext abspielt.
Lösungen zu den Kurzfragen und exemplarische Klausuren zum Selbsttest beschließen diesen Band.

[1] Im Angelsächsischen werden die gegebenen Einteilungen auch gerne wie folgt bezeichnet: A: „Allright“ B:„Best Practice“ C: „Challenging“ D: „Deep Thinking“

2. Vektoren und Vektorräume

Wer die Geometrie begreift,
vermag in dieser Welt alles zu verstehen.

Galileo Galilei (1564-1642)

Der Vektor ist eines der grundlegenden Konzepte in der Mathematik. Dieses Konzept ist vor allem für Wissensschaften wichtig, in denen die Anwendung der Mathematik von zentraler Bedeutung ist, wie z. B. der Physik, der Mechanik oder den Wirtschaftswissenschaften.
Eine rigorose Theorie der Vektoren und des Vektorraums stammt von H. Graßmann[1] aus dem Jahr 1844. Allerdings gab es schon frühere Ansätze, so z. B. von R. Descartes und Möbius, einem Schüler von C. F. Gauß. Es war schließlich M. O'Brien im 19. Jh., der die Vektorrechnung auf die Beschreibung mechanischer Vorgänge anwandte, allerdings in der Fachwelt kaum Beachtung fand. Zeitlich parallel entwickelte W.R. Hamilton[2] seine Lehre von den Quaternionen, welche eine zu den Vektoren ähnliche Theorie darstellt.

[1] Hermann Günther Graßmann (1809-1877) wurde als Sohn eines Lehrers in Stettin geboren. Er war im Gegensatz zu anderen Gelehrten wie Riemann oder Hamilton kein Wunderkind und besuchte zeitlebens keine Mathematikvorlesungen, sondern studierte Didaktik und Philosophie . Die Physik und die Mathematik brachte er sich im Selbststudium bei. 1844 begründet er in seinem Werk über „Ausdehnungslehre" die Vektorrechnung.

[2] William Rowan Hamilton (1805-1865) geboren in Dublin, studierte Mathematik und wurde bereits im Alter von 22 Jahren Professor für Astronomie in Dublin, wo er zu dieser Zeit, die nach ihm benannte Hamiltonische Mechanik entwickelte. Er deutete die komplexen Zahlen als geordnete reelle Zahlen und versuchte diese auf drei Dimensionen zu verallgemeinern, was nicht gelang und ihn zu den Quaternionen führte, einer Darstellung in vier Dimensionen, die heute in der Computergrafik Anwendung finden.

G. Schlüchtermann und N. Mahnke, *Basiswissen Ingenieurmathematik Band 2*,
https://doi.org/10.1007/978-3-658-38482-1_2

Wir wollen in diesem Buch den anschaulichen Zugang zu den Themen Vektoren und Vektorraum wählen.

2.1 Vektoren im $\mathbb{R}^n$ - eine anschauliche Einführung in den Vektorraum

Von den vier Grundprinzipien der klassischen Physik, der Kausalität der Abläufe, der Objektivität des Beobachters, der Stetigkeit der Prozesse und der Zerlegbarkeit der Prozesse in Teilprozesse geringerer Komplexität, stellt vor allem letzteres eine optimale Schnittstelle für mathematische Beschreibungen dar. Der Physiker beschreibt die Welt als aus Punkten aufgebaut, den kleinsten geometrischen Einheiten ohne Ausdehnung. In der Beschreibung der Welt durch Punkte können diese prinzipiell beliebig dicht liegen, ebenso wie Zahlen in Zahlenmengen oder Elemente in deren Mengenprodukten. Dieser Zusammenhang ermöglicht es im Umkehrschluss, Zahlenmengen, wie z. B. $\mathbb{R}$, als Punktmengen darzustellen. Die üblichen Darstellungen des $\mathbb{R}^n$ sind dabei:

- $\mathbb{R}$ als Zahlenstrahl
- $\mathbb{R}^2 = \mathbb{R} \times \mathbb{R}$ als Koordinatenebene
- $\mathbb{R}^3 = \mathbb{R} \times \mathbb{R} \times \mathbb{R}$ als Koordinatenraum

(ab $n \geq 4$ ist eine sinnvolle grafische Darstellung nicht mehr möglich.)
Allgemein sind der $\mathbb{R}^1$, der $\mathbb{R}^2$ und der $\mathbb{R}^3$ nur Spezialfälle des $\mathbb{R}^n$ ($n \in \mathbb{N}$), welcher definiert ist durch

$$\mathbb{R}^n := \underbrace{\mathbb{R} \times \ldots \times \mathbb{R}}_{n-\text{mal}} := \{\, (x_1, \ldots, x_n)\,;\; x_i \in \mathbb{R} \wedge i \in \{1, \ldots, n\}\}$$

Der $\mathbb{R}^n$ ist damit gleich der Menge aller n-Tupel $(x_1, \ldots, x_n)$ mit reellen Zahlen als Komponenten ($x_i \in \mathbb{R}$, $i = 1, ..., n$).

In unserer Betrachtung werden die Konzepte für Vektoren am $\mathbb{R}^n$ entwickelt und können dann für $n = 1, 2, ...$ auf $\mathbb{R}^1, \mathbb{R}^2, ...$ übertragen werden. Um Verschiebungen und später weitere Beziehungen zwischen Punkten im Raum bestimmen zu können, beginnen wir mit dem anschaulichen Konzept eines Vektors in einer Punktemenge und führen ein paar ebenfalls aus der Anschauung hergeleitete Definitionen ein.
Wir werden unsere Beispiele und grafischen Darstellungen soweit möglich aus dem $\mathbb{R}^2$ wählen.

Definition 2.1.1. *(Ein Vektor als Verschiebung)*
Ein Vektor $\vec{v} := \overrightarrow{AB}$ *ist eine* **Verschiebung** *im* $\mathbb{R}^n$ *von einem Punkt* $A \in \mathbb{R}^n$ *zu einem Punkt* $B \in \mathbb{R}^n$.[3]

Vektoren, z. B. $\overrightarrow{AB}$, werden als Verschiebung im $\mathbb{R}^n$ (hier $n = 2$) üblicher Weise als Pfeile dargestellt.

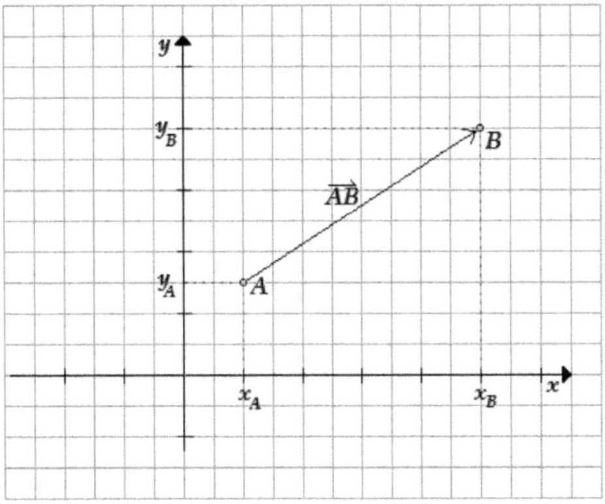

Abbildung 2.1: Vektoren als Darstellungen von Verschiebungen

Die Komponenten der Pfeildarstellung werden dabei wie folgt bezeichnet:

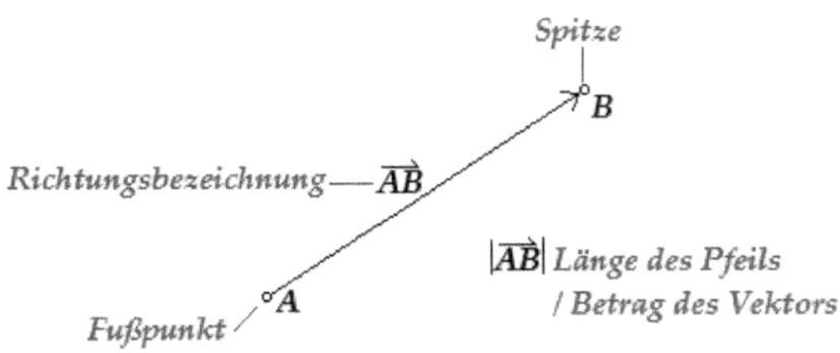

Abbildung 2.2: Vektorkomponenten

[3]Definition 2.1.1 ist hier als vorläufig anzusehen, da sie nur einen Spezialfall formuliert. Einer Verallgemeinerung des Konzepts eines Vektors werden wir uns im Abschnitt 2.2 Vektorraum widmen.

Bemerkung 2.1.1.
Der Betrag eines Vektors kann nur bei vorgegebener Längennormierung sinnvoll aus der grafischen Darstellung abgelesen werden.

Erste Eigenschaften eines Vektors als Darstellung einer Verschiebung zwischen zwei Punktes des $\mathbb{R}^n$ lassen sich in der nachfolgenden Bemerkung zusammenfassen.

Bemerkung 2.1.2.
Jedem Punktepaar $(A, B) \in R^n \times R^n$ kann ein Vektor $\overrightarrow{AB}$ zugeordnet werden, mit folgenden Eigenschaften

1. $-\overrightarrow{AB} := \overrightarrow{BA}$
2. $\overrightarrow{AB} = \overrightarrow{AC} + \overrightarrow{CB}$
3. *Für jedes $P \in \mathbb{R}^n$ gilt:* $\forall X \in \mathbb{R}^n\ \exists! \vec{x} :\ \vec{x} = \overrightarrow{PX}$.

Die dritte Eigenschaft aus Bemerkung 2.1.2, nämlich die Eindeutigkeit des Vektors $\vec{x}$, lässt sich dabei wie folgt beweisen:

Beweis.
Sei $\vec{x} = \overrightarrow{PX}$ und $X' \in \mathbb{R}^n$ ein zweiter Punkt, mit $\vec{x} = \overrightarrow{PX'}$ und $X' \neq X$. Dann folgt:

$$\overrightarrow{XX'} = \overrightarrow{XP} + \overrightarrow{PX'} = -\overrightarrow{PX} + \overrightarrow{PX'} = -\vec{x} + \vec{x} = \vec{0} \Leftrightarrow X = X'$$

Damit ist die Voraussetzung $X' \neq X$ zum Widerspruch geführt worden.[4]

□

Bemerkungen 2.1.3.

1. *Zu jedem Vektor $\vec{v}$ existieren unendlich viele Punktepaare, welche diesen Vektor repräsentieren. Mit anderen Worten*

$$\exists\ (A, B) \in \mathbb{R}^n \times \mathbb{R}^n :\ \vec{v} = \overrightarrow{AB}$$

2. *Umgangssprachlich verleiht man diesem Sachverhalt oft Ausdruck indem man sagt: „Vektoren können parallel verschoben werden, solange Richtung und Betrag der Vektoren erhalten bleiben.“*

[4] Im Beweis steht $\vec{0} = \overrightarrow{PP}$ für den sogenannten „Nullvektor“, welcher vom Punkt P auf eben jenen zeigt. Eine exakte Definition des Nullvektors findet sich später in Satz 2.2.1.

Bemerkung 2.1.3 wird in der folgenden Abbildung 2.3 veranschaulicht, in der verschiedene Vektoren $\vec{v}$ dargestellt sind, welche, unabhängig vom jeweiligen Fußpunkt, die gleiche Verschiebung beschreiben.

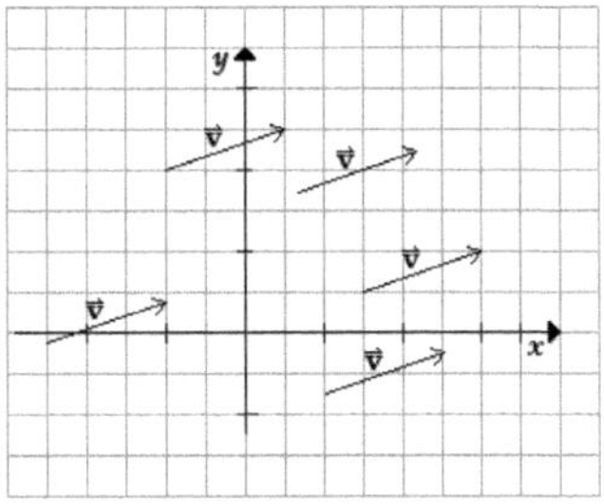

Abbildung 2.3: Parallelverschiebung von Vektoren

Wir sehen aus Abbildung 2.3, dass alle Vektoren gleicher Länge und Richtung ein „Exemplar" einer bestimmten Klasse von Vektoren $\vec{v} = \overrightarrow{AB}$ sind, unabhängig von den Punkten A und B. Deshalb kann man folgende Definitionen aus der Anschauung festlegen.

Definition 2.1.2. *(Richtungsvektor)*
Die Menge aller Vektoren $\vec{v}$ im $\mathbb{R}^n$, mit gleicher Richtung und gleichem Betrag, wird als **Richtungsvektor** *bezeichnet.*

Es ist nur natürlich, je einen Repräsentanten eines Richtungsvektors auszuwählen. Den Fußpunkt dieses Repräsentanten setzen wir in den Koordinatenursprung, $(0, \ldots, 0) \in \mathbb{R}^n$.

Definition 2.1.3. *(Ortsvektor)*
Alle Vektoren $\vec{v}$ im $\mathbb{R}^n$ mit dem Ursprung eines vorgegebenen Koordinatensystems als Fußpunkt, werden als **Ortsvektoren** *bezeichnet.*

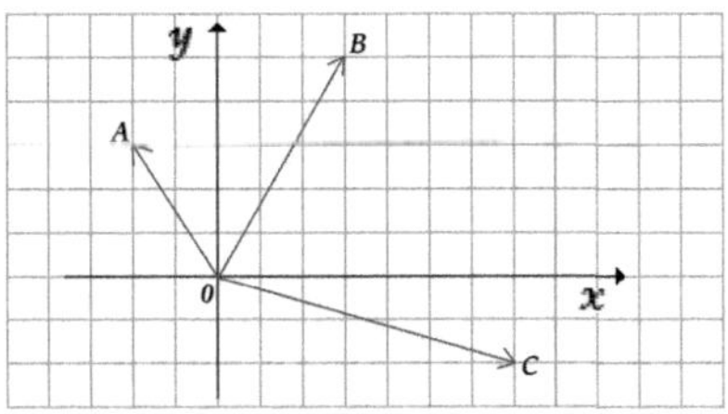

Abbildung 2.4: Ortsvektoren im $\mathbb{R}^2$

Neben der grafischen Darstellung eines Vektors durch einen Verbindungspfeil zwischen zwei Punkten im Raum lassen sich Vektoren auch analytisch durch Werteangaben der Verschiebungen darstellen, die sie vermitteln. Dabei gilt:

1. Jeder Ortsvektor zeigt auf genau einen Punkt im $\mathbb{R}^n$.

2. Jedem Punkt im Raum kann genau ein Ortsvektor zugeordnet werden. Diese Ortsvektoren werden nach Vereinbarung als sogenannte Spaltenvektoren notiert, welche die Koordinaten des zugehörigen Punktes als Einträge enthalten:

$$A(x_1, \ldots, x_n) \in \mathbb{R}^n \qquad \Rightarrow \qquad \vec{a} := \overrightarrow{0A} = \begin{pmatrix} x_1 \\ \vdots \\ x_n \end{pmatrix}$$

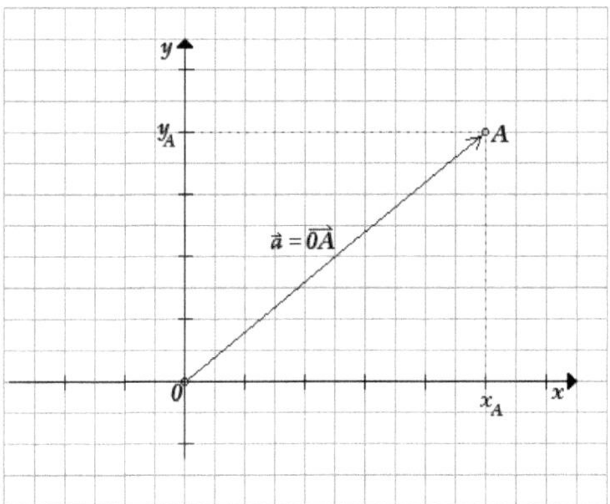

$$A(x_A; y_A) \in \mathbb{R}^2 \qquad \vec{a} = \overrightarrow{0A} = \begin{pmatrix} x_A \\ y_A \end{pmatrix}$$

Abbildung 2.5: Ortsvektor im $\mathbb{R}^2$

Beispiel 2.1.1. *(Ortsvektor)*

$$A(1, 0, -5) \in \mathbb{R}^2 \Rightarrow \vec{a} = \overrightarrow{0A} = \begin{pmatrix} 1 \\ 0 \\ -5 \end{pmatrix}$$

3. Jeder Verschiebung im $\mathbb{R}^n$ kann ein Richtungsvektor zugeordnet werden. Die Richtungsvektoren werden ebenfalls als Spaltenvektoren notiert, welche die Differenzen der Koordinaten der zugehörigen Punkte als Einträge enthalten.

$$A(x_1, \ldots, x_n), B(y_1, \ldots, y_n) \in \mathbb{R}^n$$

$$\Rightarrow \quad \vec{b} := \overrightarrow{AB} = \begin{pmatrix} y_1 - x_1 \\ \vdots \\ y_n - x_n \end{pmatrix} = \begin{pmatrix} \Delta_1 \\ \vdots \\ \Delta_n \end{pmatrix}$$

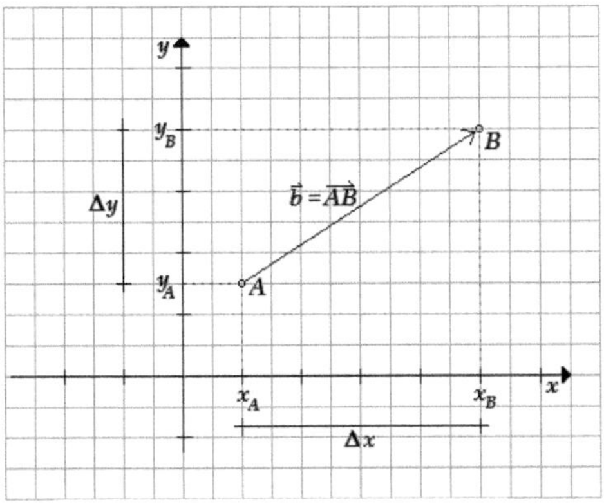

$$A(x_A; y_A), B(x_B; y_B) \in \mathbb{R}^2$$

$$\vec{b} := \overrightarrow{AB} = \begin{pmatrix} x_B - x_A \\ y_B - y_A \end{pmatrix} = \begin{pmatrix} \Delta x \\ \Delta y \end{pmatrix}$$

Abbildung 2.6: Richtungsvektor im $\mathbb{R}^2$

Im Zusammenhang mit der Bestimmung der analytischen Darstellung von Richtungsvektoren wird als Merksatz zur Bildung der Differenzen gerne der folgende verwendet: „Spitze minus Fuß“

Beispiel 2.1.2. *(Richtungsvektor)*

$$A(1, 0, -5), B(4, -7, -1) \in \mathbb{R}^2 \Rightarrow \vec{b} = \overrightarrow{AB} = \begin{pmatrix} 3 \\ -7 \\ 4 \end{pmatrix}$$

Weitere Vereinbarungen:

1. Einem Punkt $X(x_1, \ldots, x_n) \in \mathbb{R}^n$ kann eindeutig der Ortsvektor $\vec{x} = \overrightarrow{0X}$ zugeordnet werden. Somit verwenden wir synonym für X auch
$$\vec{x} = \begin{pmatrix} x_1 \\ \vdots \\ x_n \end{pmatrix}$$
und schreiben $\vec{x} \in \mathbb{R}^n$ gleichberechtigt zu $X \in \mathbb{R}^n$.

2. Aus Platzgründen werden wir ab und an Spaltenvektoren auch als Zeilenvektoren notieren, mit dem Exponenten T:
$$\vec{x} = \begin{pmatrix} x_1 \\ \vdots \\ x_n \end{pmatrix} = (x_1, \ldots, x_n)^T$$
Das T steht für die „Transposition" des Vektors. Dies wird im Abschnitt 3.2 Matrizen noch näher erläutert werden.

Durch die Gleichsetzung der Vektoren mit Punkten des $\mathbb{R}^n$ können wir nun beginnen, auch analytisch mit Vektoren im $\mathbb{R}^n$ zu arbeiten.
Dazu führen wir auf der Menge der Vektoren (Ortsvektoren oder Richtungsvektoren) eine Vektoraddition und eine skalare Multiplikation mit reellen Zahlen ein.

Definition 2.1.4. *(skalare Multiplikation)*
Seien der Vektor $\vec{x} \in \mathbb{R}^n$ und der Skalar $\lambda \in \mathbb{R}$ gegeben. Dann ist die **Multiplikation des Vektors $\vec{x}$ mit dem Skalar** λ *komponentenweise definiert:*
$$\lambda \cdot \vec{x} = \lambda \cdot \begin{pmatrix} x_1 \\ \vdots \\ x_n \end{pmatrix} = \begin{pmatrix} \lambda \cdot x_1 \\ \vdots \\ \lambda \cdot x_n \end{pmatrix}$$
und es gilt $(\lambda \cdot \vec{x}) \in \mathbb{R}^n$.

Bemerkung 2.1.4.
Grafisch entspricht die Multiplikation eines Vektors mit einem Skalar einer Änderung der Länge bzw. einer Umkehr der Richtung des Vektors in der Pfeildarstellung im $\mathbb{R}^n$. Also ist die skalare Multiplikation geometrisch nichts anderes als eine Streckung.

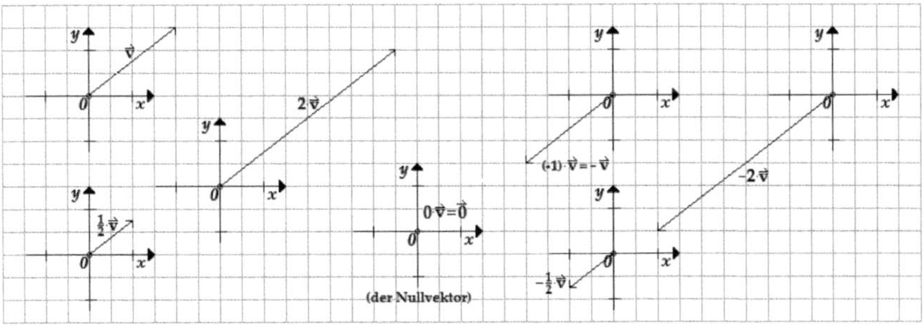

Abbildung 2.7: Beispiel: Skalare Multiplikation im $\mathbb{R}^2$

Beispiel 2.1.3. *skalare Multiplikation algebraisch*

$$\lambda = 5\,,\ \vec{v} = \begin{pmatrix} -2 \\ 3 \\ 0,5 \end{pmatrix}$$

$$\Rightarrow \lambda \cdot \vec{v} = 5 \cdot \begin{pmatrix} -2 \\ 3 \\ 0.5 \end{pmatrix} = \begin{pmatrix} -10 \\ 15 \\ 2.5 \end{pmatrix}$$

Definition 2.1.5. *(Vektoraddition)*
Seien die zwei Vektoren $\vec{x}, \vec{y} \in \mathbb{R}^n$ gegeben. Dann ist die **Addition der Vektoren** *komponentenweise definiert:*

$$\vec{x} + \vec{y} = \begin{pmatrix} x_1 \\ \vdots \\ x_n \end{pmatrix} + \begin{pmatrix} y_1 \\ \vdots \\ y_n \end{pmatrix} = \begin{pmatrix} x_1 + y_1 \\ \vdots \\ x_n + y_n \end{pmatrix}$$

und es gilt $(\vec{x} + \vec{y}) \in \mathbb{R}^n$.

Bemerkung 2.1.5.
Grafisch erzeugt man die Summe zweier Vektoren, indem man den zweiten Vektor der Summe so parallel verschiebt, dass sein Fußpunkt mit der Spitze des ersten Vektors zusammenfällt und man anschließend den Fußpunkt des ersten Vektors durch einen Pfeil, die Summe der beiden Vektoren, mit dessen Spitze in der Spitze des zweiten Vektors verbindet:

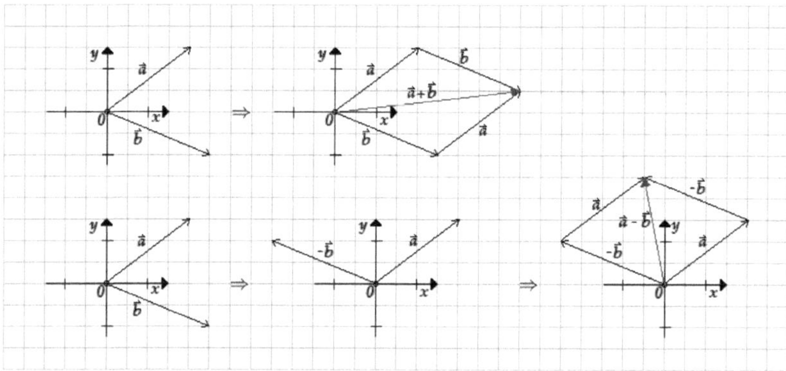

Abbildung 2.8: Beispiel: Vektoraddition im $\mathbb{R}^2$

Beispiel 2.1.4. *Vektoraddition algebraisch*

$$\vec{v} = \begin{pmatrix} -2 \\ 3 \\ 0.5 \end{pmatrix}, \vec{w} = \begin{pmatrix} -12 \\ \pi \\ -8.1 \end{pmatrix}$$

$$\Rightarrow \vec{v} + \vec{w} = \begin{pmatrix} -2 \\ 3 \\ 0.5 \end{pmatrix} + \begin{pmatrix} -12 \\ \pi \\ -8.1 \end{pmatrix} = \begin{pmatrix} -14 \\ 3+\pi \\ -7.6 \end{pmatrix}$$

Diese Rechenoperationen, die Vektoraddition und die skalare Multiplikation, auf der Menge aller Vektoren des $\mathbb{R}^n$, können über ihre Eigenschaften - den zugrunde liegenden Rechengesetzen - auch auf anderen Mengen erklärt werden.
Mengen, auf denen sich beide Rechenoperationen über ihre Eigenschaften eindeutig erklären lassen, werden wir als „Vektorräume“ bezeichnen und die Elemente dieser Mengen dann allgemein als „Vektoren“.

2.2 Vektorraum

Wie so häufig in der Mathematik, verwendet man zuerst die Anschauung, um ein abstraktes Konzept zu entwickeln. Dies hat den Vorteil, dass man sich formale Ergebnisse meist anschaulich plausibel machen kann. Ein gutes Beispiel ist der Begriff des *Vektorraums*, den wir anschaulich ja bereits mit Hilfe der Rechenoperationen, z. B. im $\mathbb{R}^2$ bzw. $\mathbb{R}^3$, im vorhergehenden Abschnitt erklären konnten. In diesem Kapitel werden wir den Vektorraum in ein abstraktes Konzept überführen.
Die vielen Anwendungen dieses Begriffs zeigen schließlich auch die nahe Verwandtschaft von Analysis und Geometrie. Viele Objekte aus der Analysis kann man auf Vektorräume übertragen und dann anschaulich Eigenschaften ableiten bzw. formal herleiten (so z. B. das Skalarprodukt als Integral auf dem Vektorraum der stetigen Funktionen).
Betrachten wir zunächst aber noch einmal den $\mathbb{R}^n$, denn für die Rechenoperationen der Vektoraddition und der skalaren Multiplikation mit $\mathbb{K} = \mathbb{R}$ gelten im $V = \mathbb{R}^n$ die folgenden Rechenregeln:

Satz 2.2.1.
Seien $\vec{a}, \vec{b}, \vec{c} \in \mathbb{R}^n = V$, $\lambda, \mu \in \mathbb{R}$. Dann gilt

1. $\vec{a} + (\vec{b} + \vec{c}) = (\vec{a} + \vec{b}) + \vec{c}$
2. $\vec{a} + \vec{b} = \vec{b} + \vec{a}$
3. $\exists\, \vec{n} \in \mathbb{R}^n = V \;\; \forall\, \vec{a} \in \mathbb{R}^n = V : \;\; \vec{a} + \vec{n} = \vec{a}$

   Man setzt $\quad \vec{n} = (0, \ldots, 0)^T =: \vec{0} \qquad$ *(der Nullvektor)*

4. $\forall\, \vec{a} \in \mathbb{R}^n = V \;\; \exists\, \vec{\tilde{a}} \in \mathbb{R}^n = V : \;\; \vec{a} + \vec{\tilde{a}} = \vec{n}$

   Man setzt $\quad \vec{\tilde{a}} = (-a_1, \ldots, -a_n)^T = -\vec{a} \qquad$ *(der Gegenvektor)*

5. $\lambda \cdot (\mu \cdot \vec{a}) = (\lambda \cdot \mu) \cdot \vec{a} = \mu \cdot (\lambda \cdot \vec{a})$
6. $(\lambda + \mu) \cdot \vec{a} = \lambda \cdot \vec{a} + \mu \cdot \vec{a}$
7. $\lambda \cdot (\vec{a} + \vec{b}) = \lambda \cdot \vec{a} + \lambda \cdot \vec{b}$
8. $1 \cdot \vec{a} = \vec{a}$

(Die zugehörigen Beweise seien dem Leser zur Übung selber überlassen.)

Auf dem $V = \mathbb{R}^n$ ist damit eine Addition definiert mit dem Nullvektor als neutralem Element. Zudem existiert zu jedem Element ein additives Inverses (der Gegenvektor). Die Rechenregeln *1.* bis *4.* sind die Gesetze der kommutativen Gruppe $(\mathbb{R}^n, +)$. Die Rechenregeln *5.* bis *8.* gehören zur skalaren Multiplikation $(\cdot)$ auf dem $\mathbb{R}^n$ mit Elementen aus dem Körper $\mathbb{R}$.

Definition 2.2.1. *(Abgeschlossenheit des $\mathbb{R}^n$)*
Da alle resultierenden Vektoren, welche in Satz 2.2.1 durch die beiden Rechenoperationen aus gegebenen Vektoren des $\mathbb{R}^n$ (z. B. $n = 2, 3$) entstehen können, selber wieder im $\mathbb{R}^n$ liegen, sagt man auch, dass der $\mathbb{R}^n$ bezüglich der beiden Rechenoperationen **abgeschlossen** *ist.*

Für diese „Kombination" aus einer Menge, wie z. B. dem $\mathbb{R}^n$, einem Körper, wie z. B. $\mathbb{R}$ und den Rechenregeln für Addition und skalare Multiplikation definiert man ganz allgemein:

Definition 2.2.2. *(Vektorraum)*
Sei V eine nichtleere Menge. Ein Tripel $(V, +, \cdot)$, wobei $(V, +)$ eine kommutative Gruppe, $\mathbb{K}$ ein Körper und $\cdot : \mathbb{K} \times V \longrightarrow V$ eine Abbildung mit den Eigenschaften 5. bis 8. aus Satz 2.2.1 sind, nennt man einen **$\mathbb{K}$-Vektorraum** *(Vektorraum über $\mathbb{K}$).*
Die Elemente von V nennt man **Vektoren**.

Bemerkungen 2.2.1.

1. *Im Satz 2.2.1 hatten wir $V = \mathbb{R}^n$ vorausgesetzt, um die Definition 2.2.2 eines allgemeinen Vektorraums vorzubereiten. Man kann aber problemlos Satz 2.2.1 auch nach Definition 2.2.2 für einen allgemeinen $\mathbb{K}$-Vektorraum V formulieren.*

2. *Sofort erkennt man, dass der $\mathbb{R}^n$ ein Vektorraum über $\mathbb{R}$ ist. Man bezeichnet den $\mathbb{R}^n$ somit auch als einen reellen Vektorraum oder kurz als $\mathbb{R}$-Vektorraum.*

3. *In der Begriffsbildung „$\mathbb{R}$-Vektorraum" bezieht sich das „$\mathbb{R}$" auf die Menge - den mathematischen Körper - aus welcher die Skalare für die skalare Multiplikation gewählt werden.*

4. *Die Definition des Vektorraums zeigt bereits ein fundamentales Prinzip in der Mathematik. Aus der Anschauung werden grundlegende Eigenschaften eines Objektes, hier einer Menge, abgeleitet. Diese Eigenschaften können dann auch auf andere Objekte, z. B. andere Mengen, übertragen werden.*
   Wir werden aus Anschauungsgründen bis auf weiteres meist den reellen Vektorraum $\mathbb{R}^n$ zugrunde legen.

5. *Als Beispiele für andere Mengen, welche Vektorräume sind, seien die Menge der stetigen Funktionen auf einem abgeschlossenen Interval $[a, b]$ (bezeichnet mit $C([a, b])$) oder die Menge der reellen Polynome ($\mathbb{P}(x)$) erwähnt.*

6. *Wir werden meist von einem $\mathbb{K}$-Vektorraum sprechen und meinen, damit die beiden Fälle $\mathbb{K} \in \{\mathbb{R}, \mathbb{C}\}$. Falls es nicht erforderlich ist, werden wir somit nicht immer zwischen $\mathbb{R}$ und $\mathbb{C}$ unterscheiden.*

Hat man allgemein einen beliebigen $\mathbb{K}$-Vektorraum $(V, +, \cdot)$, kurz V, vorliegen, so kann man eine beliebige Anzahl von Vektoren aus V jeweils mit einer Zahl aus $\mathbb{K}$ multiplizieren und anschließend addieren, um einen neuen Vektor aus V zu erzeugen.
Für eine solche Zusammenfassung von Vektoren definiert man allgemein:

Definition 2.2.3. *(Linearkombination)*
Seien V ein $\mathbb{K}$-Vektorraum und $\vec{x}_1, \ldots \vec{x}_n \in V$.
Ein Vektor $\vec{v} \in V$ wird **Linearkombination** *der Vektoren $\vec{x}_1, \ldots \vec{x}_n$ genannt, falls es Zahlen $\alpha_1, \ldots, \alpha_n \in \mathbb{K}$ gibt, so dass gilt*

$$\vec{v} = \alpha_1 \cdot \vec{x}_1 + \cdots + \alpha_n \cdot \vec{x}_n$$

Beispiel 2.2.1. *(zur Linearkombination)*
Sei $\mathbb{P}(x)$, der $\mathbb{R}$-Vektorraum der reellen Polynome in x, gegeben.[5] *Dann ist das Polynom $q(x) = 3x^2 + 5x + 1$ eine Linearkombination der beiden Polynome $p_1(x) = x^2 + x$ und $p_2(x) = x + \frac{1}{2}$ $(q, p_1, p_2 \in \mathbb{P}(x))$, denn*

$$\begin{aligned} q(x) &= 3 \cdot p_1(x) + 2 \cdot p_2(x) = 3 \cdot (x^2 + x) + 2 \cdot (x + \frac{1}{2}) \\ &= 3x^2 + 5x + 1 \end{aligned}$$

[5] Der Nachweis, dass $\mathbb{P}(x)$ ein $\mathbb{K}$-Vektorraum ist, sei dem Leser, der Leserin überlassen

2.2.1 Unterräume

Im nächsten Schritt wollen wir das Konzept des Vektorraums, welches in vielen Bereichen der Mathematik Anwendung findet, noch genauer untersuchen und stellen die folgenden Fragen:

1. Können auch Teilmengen $U \subset V$ eines $\mathbb{K}$-Vektorraums V selber wieder Vektorräume sein?
2. Wie muss $U \subset V$ beschaffen sein, damit sich die Struktur des Vektorraums V auf U überträgt?

Um sinnvoll ein $U \subset V$ finden zu können, welches selber wieder ein Vektorraum ist, definieren wir im Folgenden, dass ein Unterraum (oder auch „Untervektorraum") die Vektorraumeigenschaften von V „erben" und selber wieder bzgl. der Rechenoperationen abgeschlossen sein soll:

Definition 2.2.4. *(Unterraum)*
Sei V ein $\mathbb{K}$-Vektorraum und $U \subset V$ eine nichtleere Teilmenge. Dann nennt man U einen **linearen Unterraum** *oder kurz* **Unterraum**, *wenn für alle $x, y \in U$ und $\alpha, \beta \in \mathbb{K}$ auch $\alpha x + \beta y \in U$ gilt.*

Beispiel 2.2.2. *(zu Unterräumen)*
Sei $\mathbb{P}_n(x) \subset \mathbb{P}(x)$ die Menge der reellen Polynome vom Grad kleiner gleich n. Dann ist zum Beispiel $\mathbb{P}_2(x)$ ein Unterraum des $\mathbb{R}$-Vektorraums $\mathbb{P}(x)$:[6] *Gegeben seien zwei Polynome $p_1(x), p_2(x) \in \mathbb{P}_2(x)$*

$$\textit{mit } \; p_1(x) = a_1x^2 + b_1x + c_1, \; p_1(x) = a_2x^2 + b_2x + c_2$$

Seien weiterhin $\lambda, \mu \in \mathbb{R}$, so gilt

1. *Das Nullelement (Nullvektor) ist in $\mathbb{P}_2(x)$ enthalten:*
   Für $a_1 = b_1 = c_1 = 0$ folgt $p_1(x) = 0 \in \mathbb{P}_2(x)$.
2. *Es folgt noch die Abgeschlossenheit:*

$$\begin{aligned} p(x) &= \lambda \cdot p_1(x) + \mu \cdot p_2(x) \\ &= \lambda \cdot (a_1x^2 + b_1x + c_1) + \mu \cdot (a_2x^2 + b_2x + c_2) \\ &= (\lambda \cdot a_1 + \mu \cdot a_2)x^2 + (\lambda \cdot b_1 + \mu \cdot b_2)x + (\lambda \cdot c_1 + \mu \cdot c_2) \\ &\Rightarrow p \in \mathbb{P}_2(x) \end{aligned}$$

   Jede Linearkombination von zwei Elementen aus $\mathbb{P}_2(x)$ ist damit wieder in $\mathbb{P}_2(x)$ enthalten.

[6] Die zu prüfenden Eigenschaften werden im Korollar 2.2.3 zusammengefasst.

Wie können wir aber aus einer allgemeinen Teilmenge $U \subset V$ eines $\mathbb{K}$-Vektorraums V einen möglichst kleinen Unterraum konstruieren, der U entält?

Die Antwort auf diese Frage ist durch den sogenannten „Span“ gegeben.

Definition und Satz 2.2.2. *(Span)*
Seien V ein $\mathbb{K}$-Vektorraum und $U \subset V$. Dann bildet der folgende Raum

$$\begin{aligned} span(U) &:= \bigcap \{T \subset V; T \text{ ist Unterraum von } V \wedge U \subset T\} \\ &= \left\{ \vec{v} \in V; \vec{v} = \sum_{j=1}^{n} \alpha_j \vec{x}_j \;\wedge \alpha_j \in \mathbb{K},\; \vec{x}_j \in U\,, n \in \mathbb{N} \right\} \end{aligned}$$

einen Unterraum von V. Es wird der **Span** *oder die* **lineare Hülle** *von U bzw. der von U erzeugte („aufgespannte“) lineare Unterraum von V genannt und ist der kleinste Unterraum, der U enthält.*

Der Span von $U \subset V$, einer Teilmenge eines $\mathbb{K}$-Vektorraums V, enhält damit alle Vektoren aus V, welche aus Vektoren aus U linear kombiniert werden können.
Mit Hilfe der Definition des Spans können wir jetzt einige Eigenschaften von Unterräumen eines gegebenen Vektorraums ableiten. Man nutzt diese Eigenschaften, um zu überprüfen, ob z. B. eine Teilmenge U eines $\mathbb{K}$-Vektorraums V ein Unterraum von V ist.

Korollar 2.2.3.
Seien V ein $\mathbb{K}$-Vektorraum und $U, U_1, U_2 \subset V$ nichtleere Teilmengen. Dann gilt

1. *$\vec{0} \in U$ für jeden linearen Unterraum U.*
2. *Jeder lineare Unterraum $U \subset V$ ist wieder ein $\mathbb{K}$-Vektorraum.*
3. *Sind U_1, U_2 Unterräume, so auch $U_1 \cap U_2$.*
4. *Sind U_1, U_2 Unterräume, so ist $U_1 \cup U_2$ nicht notwendig wieder ein Unterraum (Der Beweis ist Teil der Übungen.).*

Mit Korollar 2.2.3 lassen sich die folgenden Aussagen sofort überprüfen:

- Der kleinste Unterraum des $\mathbb{R}^n$ ist $\{\vec{0}\}$.
- Der $\mathbb{P}_n(x)$ $(n \in \mathbb{N})$, die Menge aller Polynome vom Grad kleiner gleich n, ist ein Unterraum von $\mathbb{P}(x)$.

Damit stellt sich die Frage, ob man aus Unterräumen eines Vektorraums durch eine Art „Zusammensetzen“ einen neuen Unterraum erzeugen kann.
Um das „Zusammensetzen“ vorzubereiten, führen wir das Konzept der *direkten Summe* von zwei oder mehr linearen Unterräumen ein.

Definition 2.2.5. *(Direkte Summe)*
Seien V ein $\mathbb{K}$-Vektorraum und $U_1, U_2 \subset V$ zwei lineare Unterräume mit der Eigenschaft $U_1 \cap U_2 = \{\vec{0}\}$. Dann kann man die **direkte Summe** *von U_1 und U_2 wie folgt festlegen*

$$U_1 \oplus U_2 := \{\vec{x} + \vec{y}; \vec{x} \in U_1 \wedge \ \vec{y} \in U_2\} \tag{2.1}$$

Bemerkungen 2.2.2.

1. *Da U_1 und U_2 in der Voraussetzung der direkten Summe bis auf den Nullvektor disjunkte Teilmengen von V sind, werden U_1 und U_2 mit dieser Eigenschaft auch als* **„orthogonal“** *zueinander bezeichnet.*

2. *Die direkte Summe zweier Unterräume eines $\mathbb{K}$-Vektorraums V ist selber wieder ein Unterraum von V.*

3. *Jeder Vektor $\vec{z} \in U_1 \oplus U_2$ lässt sich in eindeutiger Weise als Summe aus $\vec{x} \in U_1$ und $\vec{y} \in U_2$ darstellen.*

Hat man einen linearen Unterraum $U \subset V$ vor sich, so existiert ein weiterer Unterraum, der U zu V “auffüllt”:

Proposition 2.2.4.
Ist $U_1 \subset V$ ein linearer Unterraum, so existiert ein weiterer Unterraum $U_2 \subset V$ mit $U_1 \oplus U_2 = V$.

Beispiele 2.2.3.

1. *Seien die Vektoren $\vec{x} = (1.2, -3)^T \in \mathbb{R}^2$ und $\vec{y} = (-1, 4.2)^T \in \mathbb{R}^2$ gegeben. Dann sind $span(\vec{x})$ und $span(\vec{y})$ Unterräume des $\mathbb{R}^2$, mit $span(\vec{x}) \cap span(\vec{y}) = \{\vec{0}\}$ und es folgt:*

$$span(\vec{x}) \oplus span(\vec{y}) = \mathbb{R}^2$$

Der $\mathbb{R}^2$ lässt sich folglich als Menge aller Linearkombinationen von $\vec{x}$ und $\vec{y}$, nämlich als $span(\vec{x}, \vec{y})$, darstellen.

2. *Wir wissen bereits, dass $\mathbb{P}_2(x) \subset \mathbb{P}(x)$ ein Vektorraum ist. $\mathbb{P}_1(x) \subset \mathbb{P}_2(x)$ und $span(x^2) \subset \mathbb{P}_2(x)$ sind Unterräume von $\mathbb{P}_2(x)$ und es gilt:*

$$\mathbb{P}_1(x) \oplus span(x^2) = \mathbb{P}_2(x)$$

2.2.2 Lineare Unabhängigkeit und Basen

Wenn man im $\mathbb{R}^3$ die drei kanonischen Einheitsvektoren $\vec{e}_1 = (1,0,0)^T$, $\vec{e}_2 = (0,1,0)^T$ und $\vec{e}_3 = (0,0,1)^T$ betrachtet, fällt einem recht schnell auf, dass man keine Zahlen $\alpha, \beta \in \mathbb{R}$ finden kann, um aus zwei der drei kanonischen Einheitsvektoren, z. B. $\vec{e}_1$ und $\vec{e}_2$, den dritten als Linearkombination darzustellen oder kurz:

$$\nexists\ \alpha, \beta \in \mathbb{R} : \alpha \cdot \vec{e}_1 + \beta \cdot \vec{e}_2 = \vec{e}_3$$

Die drei kanonischen Einheitsvektoren stehen folglich in einer besonderen Beziehung zueinander, sie sind *linear unabhängig.* Zudem ist es möglich, jeden Vektor des $\mathbb{R}^3$ als Linearkombination der kanonischen Einheitsvektoren zu erzeugen. Man sagt, dass die kanonischen Einheitsvektoren ein *Erzeugendensystem* des $\mathbb{R}^3$ bilden, und ein solches linear unabhängiges Erzeugendensystem des $\mathbb{R}^3$ nennt man zudem noch eine *Basis.*

Diese drei Begriffe (*lineare Unabhängigkeit, Erzeugendensystem, Basis*) sind eng mit Vektorräumen verknüpft und sollen in diesem Abschnitt erst allgemein definiert und anschließend untersucht werden.

Definitionen 2.2.6.
Sei V im Folgenden ein $\mathbb{K}$-Vektorraum.

1. *(Lineare Unabhängigkeit) Wir sagen, dass die Vektoren $\vec{x}_1, \ldots, \vec{x}_m \in V$* **linear unabhängig** *sind, falls aus der Darstellung*
$$\alpha_1 \cdot \vec{x}_1 + \alpha_2 \cdot \vec{x}_2 + \ldots + \alpha_m \cdot \vec{x}_m = \vec{0}$$
nur $\alpha_1 = \alpha_2 = \ldots = \alpha_m = 0$ folgen kann.

2. *(Erzeugendensystem) Eine Teilmenge $\mathcal{E} \subset V$ nennt man* **Erzeugendensystem** *von V, falls sich zu jedem $\vec{v} \in V$ aus der Teilmenge $\mathcal{E}$ Vektoren $\vec{x}_1, \ldots \vec{x}_m \in \mathcal{E}$ und aus $\mathbb{K}$ Elemente $\alpha_1, \ldots, \alpha_m \in \mathbb{K}$ finden lassen, so dass*
$$\vec{v} = \alpha_1 \cdot \vec{x}_1 + \ldots + \alpha_m \cdot \vec{x}_m \tag{2.2}$$
gilt. Ist $\mathcal{E}$ ein Erzeugendensystem von V, gilt: $span(\mathcal{E}) = V$

3. *(Basis) Man nennt eine Teilmenge $\mathcal{B} \subset V$ eine* **Basis** *des Vektorraums V, falls die Vektoren der Menge $\mathcal{B}$ ein linear unabhängiges Erzeugendensystem von V sind.*

Bemerkungen 2.2.3.

1. *Sind die Vektoren* $\vec{x}_1, \dots, \vec{x}_n$ *linear unabhängig, so ist der Nullvektor nur trivial aus ihnen linear kombinierbar.*

2. *Das Gegenteil von linearer Unabhängigkeit ist* **lineare Abhängigkeit** *und man legt fest, dass die Vektoren* $\vec{x}_1, \dots, \vec{x}_m \in V$ *linear abhängig sind, falls sie nicht linear unabhängig sind.*

3. *Mehr als* n *Vektoren des* $\mathbb{R}^n$ *sind immer linear abhängig.*

4. *Enthält eine Anzahl von Vektoren* $\vec{x}_1, \dots, \vec{x}_m \in V$ *eines Vektorraums* V *den Nullvektor, z. B.* $\vec{x}_5 = \vec{0}$*, dann sind die Vektoren* $\vec{x}_1, \dots, \vec{x}_m$ *immer linear abhängig.*

5. *Sind* $\vec{x}_1, \vec{x}_2 \in V$ *zwei Vektoren. Dann sind* $\vec{x}_1$ *und* $\vec{x}_2$ *genau dann linear abhängig, wenn es* $k \in \mathbb{R}$ *gibt, mit* $\vec{x}_1 = k \cdot \vec{x}_2$ *(oder* $h \in \mathbb{R}$*, mit* $\vec{x}_2 = h \cdot \vec{x}_1$*).*

Da man alle Vektoren eines Vektorraums aus den Vektoren einer Basis desselben Vektorraums linear kombinieren kann, wird man in der Mathematik und auch in der Physik immer am Auffinden einer möglichst einfachen Basis interessiert sein, sobald man einen Vektorraum identifiziert hat.
Um eine solche möglichst einfache Basis auffinden zu können, betrachten wir zuerst ein paar wesentliche Eigenschaften von Basen von Vektorräumen, welche in folgendem Satz zusammengefasst sind:

Satz 2.2.5.
Seien V *ein* $\mathbb{K}$*-Vektorraum und* $\mathcal{B} \subset V$*. Dann sind folgende Aussagen äquivalent:*

1. $\mathcal{B}$ *ist eine Basis.*

2. *Für jedes* $\vec{v} \in V$ *existiert genau eine Linearkombination*

$$\vec{v} = \alpha_1 \cdot \vec{x}_1 + \cdots + \alpha_n \cdot \vec{x}_n\,,$$

   mit $\vec{x}_1, \dots, \vec{x}_n \in \mathcal{B}$*.*

3. $\mathcal{B}$ *ist ein minimales Erzeugendensystem.*

4. $\mathcal{B}$ *ist eine maximale linear unabhängige Teilmenge von* V*.*

Wie wir sehen, ist eine Basis $\mathcal{B} \subset V$ eines Vektorraums V ein Erzeugendensystem und gleichzeitig minimal, d. h. nimmt man einen Vektor aus $\mathcal{B}$ weg, so sind die verbleibenden Vektoren von $\mathcal{B}$ nicht mehr ausreichend, um den gesamten Vektorraum V aufzuspannen. Dass $\mathcal{B}$ auch maximal linear unabhängig ist, bezieht sich darauf, dass die Vektoren in $\mathcal{B}$ linear abhängig werden, wenn man nur einen weiteren Vektor aus V hinzu nehmen würde.

Die Tatsache, dass eine Basis eines Vektorraums ein minimales Erzeugendensystem ist, wird zum Beispiel eingesetzt, um den folgenden Satz zu beweisen.

Satz 2.2.6.
Jeder $\mathbb{K}$-Vektorraum V besitzt eine Basis $\mathcal{B}$.

Dieser Satz 2.2.6 ist in seiner Aussage fundamental und sein Beweis würde sicherlich den Rahmen dieses Werkes zur Ingenieurmathematik sprengen. Wer aber dennoch auf den Beweis nicht verzichten möchte, der kann ihn unter anderem in [Brie1] finden.

Beispiele 2.2.4.

1. *Im $\mathbb{R}^2$ bilden die kanonischen Einheitsvektoren $\vec{e}_1 = (1,0)^T$ und $\vec{e}_2 = (0,1)^T$ eine Basis, die kanonische Basis. Diese Basis besteht damit aus genau zwei Elementen.*

2. *Die Menge aller Polynome (in x) bildet mit Addition und skalarer Multiplikation einen Vektorraum. Eine Basis dieses Vektorraums besteht zum Beispiel aus den einzelnen Termen (Monome) $1, x, x^2, x^3, x^4, \ldots$.*
Diese Basis enthält abzählbar unendlich viele Elemente.

Über die Anzahl der Elemente einer Basis eines Vektorraums V kann man dessen Dimension festlegen, denn es gilt der folgende Satz:

Satz 2.2.7.
Sei $V \neq \{0\}$ ein $\mathbb{K}$-Vektorraum. Besitzt V eine endliche Basis $\mathcal{B}$, so besitzt jede weitere Basis genauso viele Elemente wie $\mathcal{B}$.

Definition 2.2.7. *(Dimension eines Vektorraums)*
Man legt die **Dimension eines Vektorraums** *wie folgt fest:*

$$dim(V) = \begin{cases} n & \text{es existiert eine Basis mit } n \in \mathbb{N} \text{ Elementen} \\ \infty & \text{es existiert keine endliche Basis} \end{cases}$$

Häufig hat man es mit folgender Situation zu tun: Man hat einen $\mathbb{K}$-Vektorraum V und einen Unterraum $U \subset V$ gegeben. Da ja U erneut einen $\mathbb{K}$-Vektorraum darstellt, besitzt U nach Satz 2.2.6 eine Basis $\mathcal{B}_U$.

Kann man diese Basis zu einer Basis des gesamten Raum V erweitern?

Hier ist die Antwort.

Satz 2.2.8.
Seien V ein $\mathbb{K}$-Vektorraum und $U \subset V$ ein linearer Unterraum mit einer Basis $\mathcal{B}_U$.
Dann gibt es eine Menge $B_W \subset V$, so dass $B = B_U \cup B_W$ eine Basis von V ist und für $W = span(B_W)$ gilt:

$$V = U \oplus W$$

(Der Beweis zu Satz 2.2.8 für $\dim(V) < \infty$ ist Teil der Übungen.)

Wenn man sich fragt, weshalb angehende Ingenieurinnen und Ingenieure sich mit Vektorräumen und Unterräumen beschäftigen sollten, so liegt die Notwendigkeit darin begründet, dass in der Physik und dort insbesondere in der Mechanik immer in Koordinaten eines Koordinatensystems gearbeitet wird. Diese Koordinatensysteme sind aber in ihrer Festlegung willkürlich, da ja die Natur kein ausgezeichnetes Koordinatensystem besitzt, wie Michelson und Morley bereits Ende des 19. Jahrhunderts nachweisen konnten. Damit existieren unendlich viele gleichberechtigte Koordinatensysteme, Vektorräume und Untervektorräume, welche bei der Verständigung zwischen Wissenschaftlern regelmäßig abgestimmt werden müssen. Die Grundlagen für eben jene Abstimmungen sind in diesem Abschnitt gelegt worden.

Im Abschnitt nach den Übungen werden wir uns weiter mit Abbildungen auf Vektorräumen befassen und dabei einen besonderen Fokus auf sinnvoll definierbare Multiplikationen zwischen Vektoren legen.

2.2.3 Kurzaufgaben zum Verständnis

1. Seien $\vec{a} = \begin{pmatrix} 1 \\ -2 \\ 3 \end{pmatrix}$ und $\vec{b} = \begin{pmatrix} 2 \\ 1 \\ 6 \end{pmatrix}$. Wie sieht der kleinste Vektorraum V aus, der beide Vektoren $\vec{a}$ und $\vec{b}$ enthält?

   □ $V = \{0\}$ □ $V = \mathbb{R}^3$ □ $V = \text{span}\{\vec{a}, \vec{b}\}$

2. Seien $\vec{a}$ und $\vec{b}$ wie in der vorherigen Aufgabe gegeben. Der kleinste Vektorraum V, der beide Vektoren $\vec{a}$ und $\vec{b}$ enthält, ist eine Ebene des $\mathbb{R}^3$:

   □ wahr □ falsch

3. Zwei Vektoren im $\mathbb{R}^2$, beide ungleich dem Nullvektor, spannen immer den $\mathbb{R}^2$ auf.

   □ wahr □ falsch

4. Sind $\vec{a}$, $\vec{b}$ und $\vec{c}$ drei Vektoren im $\mathbb{R}^3$ jeweils ungleich dem Nullvektor, so kann man jeden weiteren Vektor im $\mathbb{R}^3$ als Linearkombination von $\vec{a}$, $\vec{b}$ und $\vec{c}$ schreiben.

   □ wahr □ falsch

5. Die drei Polynome $2x^2 + x$, $x - 1$ und 5 bilden eine Basis von $\mathbb{P}_2(x)$.

   □ wahr □ falsch

6. Ist $\ell_\infty = \{(x_n)_{n\in\mathbb{N}};\ \sup_{n\to\infty} |x_n| < \infty\}$ die Menge der beschränkten Folgen ein unendlich dimensionaler Vektorraum?

   □ ja □ nein

7. Die Menge $c_0 = \{(x_n)_{n\in\mathbb{N}};\ x_n \in \mathbb{R},\ \lim_{n\to\infty} x_n = 0\}$ der reellen Nullfolgen ist ein $\mathbb{R}$-Vektorraum.

   □ wahr □ falsch

8. Bildet man $\ell_1 = \{(x_n)_{n\in\mathbb{N}};\ \sum_{n=1}^{\infty} |x_n| < \infty\}$, die Menge der absolut summierbaren Folgen, dann ist ℓ_1 ein linearer Unterraum von c_0.

   □ wahr □ falsch

9. Es gilt auch, dass c_0 ein linearer Unterraum von ℓ_1 ist.

   □ wahr □ falsch

2.2.4 Übungen

Lösungsvideos zu den Übungen können auf www.lsgn24h.de über die Eingabe des Lösungscodes abgerufen werden.
Kl A:

1. Bestimmen Sie die folgenden Kombinationen der Vektoren

$$\vec{u} = (5,2)^T \ , \quad \vec{v} = (3,-4)^T \ , \quad \vec{w} = (4,-1)^T$$

jeweils grafisch und algebraisch:

(a) $$-2\vec{u} + \vec{v} + 3\vec{w}$$

(Lösungscode:SB02VK0A001)

(b) $$\vec{u} + \vec{v} - 2\vec{w}$$

(Lösungscode:SB02VK0A002)

2. Der Vektor $\overrightarrow{PP'}$ stehe für die Verschiebung des Dreiecks ABC. Zeichnen Sie das Dreieck ABC und seine Verschiebung in ein geeignetes Koordinatensystem ein.

$$P(-2,2),\ P'(6,7),\ A(-5,-4),\ B(-1,-6),\ C(-1,-2)$$

(Lösungscode:SB02VK0A003)

3. Die Punkte A, B, C, D, E, F bezeichnen entgegen dem Uhrzeigersinn die Eckpunkte eines gleichseitigen Sechsecks. Seien nun $\vec{a} = \overrightarrow{AB}$, $\vec{b} = \overrightarrow{BC}$ und $\vec{c} = \overrightarrow{AF}$. Schreiben Sie die folgenden Vektoren jeweils als Linearkombination der Vektoren $\vec{a}$, $\vec{b}$ und $\vec{c}$.

(a) $\overrightarrow{BA}$

(b) $\overrightarrow{AE}$

(c) $\overrightarrow{CF}$

(d) $\overrightarrow{DA}$

(e) $\overrightarrow{EB}$

(f) $\overrightarrow{EC}$

(Lösungscode:SB02VK0A004)

Kl B:

1. Überprüfen Sie jeweils, ob die folgenden Vektoren linear unabhängig sind:

   (a)
   $$(5,-1)^T, (1,-5)^T \in \mathbb{R}^2$$
   (Lösungscode:SB02VK0B001)

   (b)
   $$(5,-1)^T, (1,-5)^T, (4,-1)^T \in \mathbb{R}^2$$
   (Lösungscode:SB02VK0B002)

   (c)
   $$x^2, 5x, 3x-1 \in \mathbb{P}_2(x)$$
   (Lösungscode:SB02VK0B003)

2. Überprüfen Sie, ob die folgenden Räume tatsächlich Vektorräume sind und geben Sie gegebenenfalls eine Basis an:

   (a) $\mathbb{Q}$ als $\mathbb{Q}$-Vektorraum, mit $\vec{x} \in \mathbb{Q}$ und $\lambda \in \mathbb{Q}$.

   (Lösungscode:SB02VK0B004)

   (b) $\mathbb{Q}$ als $\mathbb{R}$-Vektorraum, mit $\vec{x} \in \mathbb{Q}$ und $\lambda \in \mathbb{R}$.

   (Lösungscode:SB02VK0B005)

   (c) M_1 als $\mathbb{R}$-Vektorraum, mit
   $$\vec{x} \in M_1 = \left\{ \begin{pmatrix} x \\ y \\ z \end{pmatrix} \in \mathbb{R}^3; y = 2z \right\}$$
   und $\lambda \in \mathbb{R}$.

   (Lösungscode:SB02VK0B006)

   (d) M_2 als $\mathbb{R}$-Vektorraum, mit
   $$\vec{x} \in M_2 = \left\{ \begin{pmatrix} x \\ y \\ z \end{pmatrix} \in \mathbb{R}^3; z = x + y \right\}$$
   und $\lambda \in \mathbb{R}$.

   (Lösungscode:SB02VK0B007)

(e) M_3 als $\mathbb{R}$-Vektorraum, mit

$$\vec{x} \in M_3 = \left\{ax^3 + bx^2 + cx + d \in \mathbb{P}_3(x); b = d = 0 \wedge a, c \in \mathbb{R}\right\}$$

und $\lambda \in \mathbb{R}$.

(Lösungscode:SB02VK0B008)

Kl C:

1. Beweisen Sie Korollar 2.2.3.

   (Lösungscode:SB02VK0C001)

2. Beweisen Sie Satz 2.2.8 für $\dim(V) < \infty$.

   (Lösungscode:SB02VK0C002)

3. Seien T, U lineare Unterräume eines $\mathbb{K}$-Vektorraums V. Zeigen Sie:

   $$T \cup U = T + U$$

   gilt genau dann, wenn T ein linearer Unterraum von U und U ein linearer Unterraum von T ist. ($T + U := \{\vec{u} + \vec{t} : \vec{u} \in U \wedge \vec{t} \in T\}$)

   (Lösungscode:SB02VK0C003)

4. Bestimmen Sie jeweils eine Basis des kleinsten linearen Unterraums des reellen Vektorraums $\mathbb{R}^3$, der die folgenden Vektoren enthält:

   (a) $\{(1+i, 1+2i, 1+3i)^T; i \in \mathbb{N}\}$

   (Lösungscode:SB02VK0C004)

   (b) $\{(1+i, 1+i^2, 1+i^3)^T; i \in \mathbb{N}\}$

   (Lösungscode:SB02VK0C005)

5. Geben Sie im reellen Vektorraum $V = \mathbb{R}^n$ $(n+1)$ Vektoren an, so dass jeweils n von ihnen linear unabhängig sind.

   (Lösungscode:SB02VK0C006)

6. Weisen Sie Bemerkung 2.2.2 (3.) nach.

   (Lösungscode:SB02VK0C007)

Kl D:

1. Sei die Menge $V = \mathbb{Q}^{\mathbb{N}} = \{a = (a_1, a_2, \ldots); a_i \in \mathbb{Q}\}$, die Menge aller Folgen mit Folgegliedern aus $\mathbb{Q}$.

   (a) Zeigen Sie, dass V einen unendlich dimensionalen Vektorraum über den Körper $\mathbb{Q}$ bildet.

   (Lösungscode:SB02VK0D001)

   (b) Zeigen Sie, dass C, die Menge aller Cauchy-Folgen in $\mathbb{Q}$ (siehe [SM01]), einen unendlich dimensionalen Unterraum von V bildet.

   (Lösungscode:SB02VK0D002)

   (c) Geben Sie einen unendlich dimensionalen Unterraum U von V mit $C \cap U = \{\vec{0}\}$ an.

   (Lösungscode:SB02VK0D003)

2. Im reellen Vektorraum $V = \mathbb{R}^{2n}$ $(n \in \mathbb{N})$ seien die Unterräume T und U wie folgt gegeben:

$$T = \left\{\vec{a} = (a_1, \ldots, a_n, a_{n+1}, \ldots, a_{2n})^T; a_i \in \mathbb{R} \wedge a_1 = \ldots = a_n = 0\right\}$$

$$U = \left\{\vec{a} = (a_1, \ldots, a_n, a_{n+1}, \ldots, a_{2n})^T;\ a_i \in \mathbb{R} \right. \\ \left. \wedge\, a_i = a_{i+n},\ i = 1, \ldots, n\right\}$$

   (a) Zeigen Sie: $V = T \oplus U$.

   (Lösungscode:SB02VK0D004)

   (b) Geben Sie mit Begründung einen linearen Unterraum W von V an, so dass

$$V = T \oplus W = U \oplus W$$

   gilt.

   (Lösungscode:SB02VK0D005)

3. Seien V ein Vektorraum über $\mathbb{K}$ und T, T_1, U lineare Unterräume von V, mit $V = T \oplus U$. Zeigen Sie, dass gilt:

   T ist durch U genau dann eindeutig bestimmt, d. h. aus

$$V = T \oplus U = T_1 \oplus U$$

   folgt $T = T_1$, wenn $U = \{\vec{0}\}$ oder $U = V$.

   (Lösungscode:SB02VK0D006)

2.3 Euklidische Vektorräume

Um uns wieder mehr auf die für angehende Ingenieurinnen und Ingenieure wichtigen methodischen bzw. anwendungsorientierten Seiten der Vektorrechnung zu fokussieren, kommen wir nun zu den sich zwingend anschließenden Operationen der angewandten Vektorrechnung. Gemeint sind der „Betrag" und die „Multiplikationen" zwischen Vektoren.

Außer der Richtung kann man jedem Vektor noch seine Länge zuordnen. Wir beginnen wie immer mit der anschaulichen Definition im $\mathbb{R}^n$. Diese leitet sich, wie wir in der allgemeinen Definition sehen werden, aus dem Satz von Pythagoras her.

Definition 2.3.1. *(Betrag oder euklidische Norm)*
Für jeden Vektor $\vec{x} \in \mathbb{R}^n$, $\vec{x} = (x_1, \ldots, x_n)^T$, ist dessen **Betrag** $|\vec{x}\,|$ *(auch euklidische Norm genannt) definiert durch*

$$|\vec{x}\,| := \sqrt{x_1^2 + \cdots + x_n^2}$$

Der Betrag ist eine Funktion $|\cdot| : \mathbb{R}^n \to \mathbb{R}$ mit folgenden Eigenschaften. Seien $\vec{x}, \vec{y} \in \mathbb{R}^n$ und $\lambda \in \mathbb{R}$.

1. $|\vec{x}\,| \geq 0$, *mit* $|\vec{x}\,| = 0 \Leftrightarrow \vec{x} = \vec{0}$
2. $|\lambda \cdot \vec{x}\,| = |\lambda| \cdot |\vec{x}\,|$
3. $|\vec{x} + \vec{y}\,| \leq |\vec{x}\,| + |\vec{y}\,|$ *(die Dreiecksungleichung)*

Bemerkungen 2.3.1.

1. *Sind Zeichnungen von Vektoren aus dem $\mathbb{R}^n$ mit einer festen Längenskalierung versehen, so lässt sich der Betrag eines Vektors direkt anhand seiner Länge aus der Zeichnung ablesen.*
2. *Auch für Vektoren abstrakter Vektorräume kann oft ein Betrag definiert werden, wobei dieser dann lediglich dessen Eigenschaften aus Definition 2.3.1 erfüllt, ohne direkt umsetzbare Anschauung.*
3. *Eine Abbildung $|\cdot| : V \to \mathbb{R}$ mit den Eigenschaften 1. bis 3. aus Definition 2.3.1 nennt man eine* **Norm** *auf dem $\mathbb{K}$-Vektorraum V.*
4. *Man nennt das Paar $(\mathbb{R}^n, |\cdot|)$ oder allgemein $(V, |\cdot|)$, für einen $\mathbb{K}$-Vektorraum V, auch einen* **normierten Raum**.

5. *Grafisch ergibt sich für einen Vektor $\vec{a} \in \mathbb{R}^2$, dessen Betrag direkt aus dem Satz des Pythagoras:*

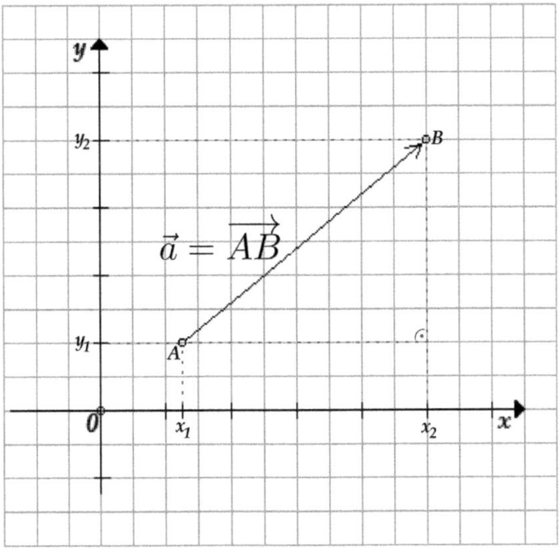

Abbildung 2.9: Der Betrag im $\mathbb{R}^2$

Aus Abbildung 2.9 lässt sich der Betrag direkt berechnen:

$$A(x_1, y_1), B(x_2, y_2) \in \mathbb{R}^2 \Rightarrow \vec{a} = \overrightarrow{AB} = \begin{pmatrix} x_2 - x_1 \\ y_2 - y_1 \end{pmatrix}$$

$$\Rightarrow |\vec{a}| = \sqrt{(x_2 - x_1)^2 + (y_1 - y_2)^2}$$

Mit Hilfe des Betrags lässt sich dann der Abstand zwischen zwei Punkten des $\mathbb{R}^n$ als Länge des zugehörigen Richtungsvektors definieren.

Definition 2.3.2. *(Euklidischer Abstand oder Metrik)*
Der **euklidische Abstand** *zweier Punkte $A, B \in \mathbb{R}^n$ (auch euklidische Metrik genannt), mit*

$$A = (a_1, \ldots, a_n) \ , \ B = (b_1, \ldots, b_n) \, ,$$

ist definiert als die Funktion $d(\, .\, ,\, .\,) : \mathbb{R}^n \times \mathbb{R}^n \to \mathbb{R}$, mit

$$d(A, B) := \sqrt{(a_1 - b_1)^2 + \cdots + (a_n - b_n)^2} = \left| \overrightarrow{AB} \right|$$

Der **euklidische Abstand** *(d: „Distanz") besitzt dabei die folgenden allgemeinen Eigenschaften* $(A, B, C \in \mathbb{R}^n)$

1. $d(A,B) \geq 0$, *mit* $d(A,B) = 0 \Leftrightarrow A = B$
2. $d(A,B) = d(B,A)$
3. $d(A,B) + d(B,C) \leq d(A,C)$ *(die Dreiecksungleichung)*

Bemerkungen 2.3.2.

1. *Betrag und Abstand liefern die Grundlage dafür, den* $\mathbb{R}^n$ *zu bemessen.*
2. *Sei* V *ein* $\mathbb{K}$*-Vektorraum. Eine Abbildung* $d : V \times V \to \mathbb{R}$ *mit den Eigenschaften 1. bis 3. aus Definition 2.3.2 nennt man eine* **Metrik** *auf* V.
3. *Man nennt das Paar* $(\mathbb{R}^n, d(.\,,.))$ *oder allgemein* $(V, d(.\,,.))$*, für einen* $\mathbb{K}$*-Vektorraum* V*, auch einen* **metrischen Raum**.

Neben der Bestimmung von Längen und Abständen benötigt man oft auch noch Aussagen über Richtungen im Raum, die durch Winkel zwischen Vektoren ausgedrückt werden können. Für eine Beschreibung von Winkeln stehen im $\mathbb{R}^n$ zum einen die Winkeldarstellung von Vektoren und zum anderen zwei Produkte zwischen Vektoren zur Verfügung.

Beginnen wir zur Vorbereitung mit der Definition der *kanonischen* Einheitsvektoren des $\mathbb{R}^n$

Definition 2.3.3.
Die Vektoren $\vec{e}_1, \ldots, \vec{e}_n \in \mathbb{R}^n$, *mit*

$$\vec{e}_1 = \begin{pmatrix} 1 \\ 0 \\ 0 \\ \vdots \\ 0 \end{pmatrix}, \vec{e}_2 = \begin{pmatrix} 0 \\ 1 \\ 0 \\ \vdots \\ 0 \end{pmatrix}, \ldots, \vec{e}_n = \begin{pmatrix} 0 \\ 0 \\ 0 \\ \vdots \\ 1 \end{pmatrix}$$

werden die kanonischen Einheitsvektoren des $\mathbb{R}^n$ *genannt.*

Bemerkungen 2.3.3.

1. *Die Komponenten des kanonischen Einheitsvektors* $\vec{e}_i$ *sind alle gleich Null, bis auf die i-te, welche den Wert* 1 *besitzt.*
2. *Das Adjektiv „kanonisch" bedeutet „der Regel bzw. dem Kanon entsprechend" und wird in der Mathematik als „natürlich gegeben" verwendet.*
3. *Die kanonischen Einheitsvektoren kennzeichnen als Ortsvektoren die „üblichen" Raumrichtungen des* $\mathbb{R}^n$
4. *Die* $\vec{e}_i$, $i = 1, \ldots, n$, *besitzen alle die Länge* 1 *und skalieren damit die Achsen eines Koordinatensystems.*
5. *Jeder Vektor* $\vec{a} \in \mathbb{R}^n$, *mit den Komponenten* $a_1, \ldots, a_n \in \mathbb{R}$ *kann wie folgt als Summe der kanonischen Einheitsvektoren dargestellt werden*

$$\vec{a} = \begin{pmatrix} a_1 \\ \vdots \\ a_n \end{pmatrix} = a_1 \cdot \vec{e}_1 + \ldots + a_n \cdot \vec{e}_n = \sum_{i=1}^{n} a_i \cdot \vec{e}_i$$

Neben der Darstellung von Vektoren des $\mathbb{R}^n$ mit Hilfe der kanonischen Einheitsvektoren wird oft, insbesondere in der technischen Mechanik, die Winkeldarstellung als eine weitere wichtige Darstellung von Vektoren des $\mathbb{R}^n$ verwendet. In der Winkeldarstellung werden die Komponenten von Vektoren durch ihren Betrag und die Projektion ihrer Lage im Raum auf die Koordinatenachsen angegeben:

Definition 2.3.4. *(Winkeldarstellung)*
Sei der Vektor $\vec{a} \in \mathbb{R}^n$ $(\vec{a} \neq \vec{0})$ *gegeben, mit*

$$\vec{a} = (a_1, \ldots, a_n)^T$$

Dann definiert man den Winkel $\alpha_i \in [0, \pi]$ *zwischen* $\vec{a}$ *und dem kanonischen Einheitsvektor* $\vec{e}_i$ $(i = 1, \ldots, n)$ *durch*

$$\cos(\alpha_i) = \frac{a_i}{|\vec{a}|}$$

Beispiel 2.3.1.
Im $\mathbb{R}^2$ ergibt sich die Winkeldarstellung eines Ortsvektors wie folgt:

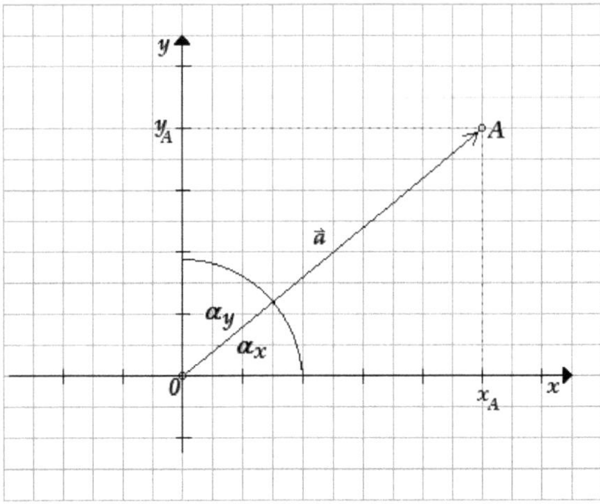

Abbildung 2.10: Winkeldarstellung im $\mathbb{R}^2$

$$A(x_A, y_A) \in \mathbb{R}^2 \;\Rightarrow\; \vec{a} = \overrightarrow{0A} = \begin{pmatrix} x_A \\ y_A \end{pmatrix}$$

$$\Rightarrow\; \cos(a_x) = \frac{x_A}{|\vec{a}|}, \;\Rightarrow\; \cos(a_y) = \frac{y_A}{|\vec{a}|}$$

$$\Rightarrow\; \vec{a} = \begin{pmatrix} |\vec{a}| \cdot \cos(a_x) \\ |\vec{a}| \cdot \cos(a_y) \end{pmatrix} \quad \textit{(Winkeldarstellung)}$$

Bemerkungen 2.3.4.

1. *Die Winkel $\alpha_1, \ldots, \alpha_n \in [0, 2\pi]$ werden die Richtungswinkel von $\vec{a}$ genannt.*

2. *Für die Richtungswinkel $\alpha_1, \ldots, \alpha_n \in [0, 2\pi]$ gilt*

$$\cos^2(\alpha_1) + \ldots + \cos^2(\alpha_n) = 1$$

(Der Beweis ist Teil der Übungsaufgaben.)

Die Winkeldarstellung findet sich, wie bereits erwähnt, sehr oft in den Berechnungen der technischen Mechanik, bei denen z. B. Kräfte auf eine oder mehrere Raumrichtungen in ihrer Wirkung projiziert werden.

Für die Winkeldarstellung bleibt natürlich noch die Frage, wie man aus der analytischen Darstellung eines Vektors (insb. im $\mathbb{R}^n$) dessen Richtungswinkel zu den einzelnen Koordinatenachsen oder auch Winkel in der Lage zu beliebigen anderen Vektoren direkt bestimmen kann. Zur eben dieser Winkelbestimmung zwischen Vektoren zieht man das Skalarprodukt als eine besondere Art der Multiplikation von Vektoren heran.

2.3.1 Multiplikation von Vektoren

Wir haben bereits auf dem $\mathbb{R}^n$ neben der allgemeinen Struktur eines Vektorraums auch die Struktur des euklidischen Abstands eingeführt. Einen Abstand, wie den euklidischen, kann man allgemein für Vektorräume mit einer weiteren zusätzlichen Struktur definieren. Diese neue Struktur ist das Skalarprodukt zwischen Vektoren eines Vektorraums

Definition 2.3.5. *(Skalarprodukt, allgemein)*
Sei V ein $\mathbb{K}$-Vektorraum ($\mathbb{K} \in \{\mathbb{R}, \mathbb{C}\}$). Dann ist das **Skalarprodukt** *eine positiv definite Bilinearform, also eine Abbildung $\langle\, .\,, .\, \rangle : V \times V \to \mathbb{K}$ mit den folgenden Eigenschaften:*
Für $\vec{x}, \vec{y}, \vec{z} \in V$, $\lambda, \mu \in \mathbb{K}$ ist das Skalarprodukt

1. *symmetrisch:* $\langle \vec{x}, \vec{y} \rangle = \overline{\langle \vec{y}, \vec{x} \rangle}$
2. *positiv definit:* $\langle \vec{x}, \vec{x} \rangle \geq 0$, *mit* $\langle \vec{x}, \vec{x} \rangle = 0 \Leftrightarrow \vec{x} = \vec{0}$
3. *bilinear:* $\langle \vec{x}, \lambda\vec{y} + \mu\vec{z} \rangle = \overline{\lambda}\langle \vec{x}, \vec{y} \rangle + \overline{\mu}\langle \vec{x}, \vec{z} \rangle$

   $\langle \lambda\vec{x} + \mu\vec{y}, \vec{z} \rangle = \lambda\langle \vec{x}, \vec{z} \rangle + \mu\langle \vec{y}, \vec{z} \rangle$

Bemerkungen 2.3.5.

1. *In der Definition des Skalarproduktes sei $\mathbb{K}$ durch $\mathbb{R}$ oder $\mathbb{C}$ gegeben und $\overline{z}$ bezeichnet die zu $z \in \mathbb{K}$ konjugiert komplexe Zahl.*
2. *Wir werden im Folgenden $\mathbb{K} = \mathbb{R}$ verwenden.*
3. *Nicht für jeden normierten Vektorraum lässt sich ein erzeugendes Skalarprodukt bestimmen. (siehe Übungen 2.3.4)*

Der Tatsache, dass ein Vektorraum, wie z. B. der $\mathbb{R}^n$, ein Skalarprodukt besitzt, soll formal Rechnung getragen werden, indem man einen solchen Vektorraum als *euklidischen Raum* bezeichnet.

Definition 2.3.6. *(Euklidischer Raum)*
Sei V ein $\mathbb{K}$-Vektorraum mit einem Skalarprodukt $\langle\cdot,\cdot\rangle$ auf V. Dann bezeichnet man $(V,\langle\cdot,\cdot\rangle)$ als **euklidischen Raum** *oder Skalarproduktraum.*
Im Fall $\mathbb{K}=\mathbb{C}$ wird dieser auch als **unitärer Raum** *bezeichnet.*

Wie ist nun das Skalarprodukt speziell im $\mathbb{R}^n$ definiert, welches den $\mathbb{R}^n$ zu einem euklidischen Raum erweitert?

Definition 2.3.7. *(das Skalarprodukt im $\mathbb{R}^n$ [1.Form])*
Seien zwei Vektoren $\vec{x},\vec{y}\in\mathbb{R}^n$ gegeben, mit $\vec{x}=(x_1,\ldots,x_n)^T$, $\vec{y}=(y_1,\ldots,y_n)^T$. Dann ist das **Skalarprodukt im $\mathbb{R}^n$** *wie folgt definiert*

$$\langle\vec{x},\vec{y}\,\rangle := x_1\cdot y_1+\ldots+x_n\cdot y_n=\sum_{i=1}^{n} x_i\cdot y_1$$

und damit eine Abbildung $\langle\,\cdot\,,\,\cdot\,\rangle:\mathbb{R}^n\times\mathbb{R}^n\to\mathbb{R}$ mit den Eigenschaften aus Definition 2.3.5:
Für $\vec{x},\vec{y},\vec{z}\in\mathbb{R}^n$, $\lambda,\mu\in\mathbb{R}$ ist das Skalarprodukt

1. *symmetrisch:* $\langle\vec{x},\vec{y}\,\rangle=\langle\vec{y},\vec{x}\,\rangle$
2. *positiv definit:* $\langle\vec{x},\vec{x}\,\rangle\geq 0$, *mit* $\langle\vec{x},\vec{x}\,\rangle=0\Leftrightarrow\vec{x}=\vec{0}$
3. *bilinear:* $\langle\vec{x},\lambda\vec{y}+\mu\vec{z}\,\rangle=\lambda\langle\vec{x},\vec{y}\,\rangle+\mu\langle\vec{x},\vec{z}\,\rangle$
   $\langle\lambda\vec{x}+\mu\vec{y},\vec{z}\,\rangle=\lambda\langle\vec{x},\vec{z}\,\rangle+\mu\langle\vec{y},\vec{z}\,\rangle$

Bemerkungen 2.3.6.

1. *Das (reelle) Skalarprodukt verdient seine Bezeichnung, da es ein Paar von Vektoren eines Vektorraums (z. B. des $\mathbb{R}^n$) auf einen Skalar, also auf eine Zahl aus $\mathbb{K}$ (oder einfach $\mathbb{R}$) und damit nicht auf einen anderen Vektor abbildet.*

2. *Symbolisch kann das Skalarprodukt auch wie folgt notiert werden:*

$$\langle\vec{x},\vec{y}\,\rangle =: \vec{x}\circ\vec{y}$$

Diese Notation wird vornehmlich in Schulen verwendet.

3. *Die Eigenschaft der Bilinearität des Skalarproduktes lässt sich auch als Linearität in jedem seiner Einträge bezeichnen.*

4. *Es gilt für jedes* $\vec{x} \in \mathbb{R}^n$, *mit* $\vec{x} = (x_1, \ldots, x_n)^T$:

$$|\vec{x}\,| = \sqrt{\sum_{i=1}^{n} x_i^2} = \sqrt{\langle \vec{x}, \vec{x}\,\rangle} \tag{2.3}$$

5. *Führt man auf einem allgemeinen Vektorraum ein Skalarprodukt mit den üblichen Eigenschaften (siehe Definition 2.3.5)), so legt die Beziehung* $|\vec{x}\,| = \sqrt{\langle \vec{x}, \vec{x}\,\rangle}$ *aus (2.3) automatisch einen Betrag (Norm) auf dem Vektorraum fest.*

6. *Für die kanonischen Einheitsvektoren gilt*

$$\langle \vec{e}_i, \vec{e}_j \rangle = \begin{cases} 1 & i = j \\ 0 & i \neq j \end{cases}$$

Eine Folgerung aus den Eigenschaften des Skalarprodukts und des Betrags eines euklidischen Raums $(V, \langle \cdot, \cdot \rangle)$ ist in der Cauchy-Schwarz'schen Ungleichung formuliert.

Satz 2.3.1.
Seien $(V, \langle \cdot, \cdot \rangle)$ *ein euklidischer Raum und* $\vec{x}, \vec{y} \in V$, *so gilt:*

a. $|\langle \vec{x}, \vec{y}\,\rangle| \leq |\vec{x}\,| \cdot |\vec{y}\,|$ *(die Cauchy-Schwarz'sche Ungleichung)*

b. *Für* $\vec{y} \neq \vec{0}$ *gilt*

$$|\langle \vec{x}, \vec{y}\,\rangle| = |\vec{x}\,| \cdot |\vec{y}\,| \;\Leftrightarrow\; \vec{x} \text{ und } \vec{y} \text{ sind linear abhängig } \Leftrightarrow$$
$$\exists\, \rho \in \mathbb{R}: \quad \vec{x} = \rho \cdot \vec{y}$$

Es ist eine gute Übung zum Umgang mit dem Skalarprodukt, den Beweis zur Cauchy-Schwarz'schen Ungleichung nachzuvollziehen.

Beweis.
Für den Beweis zu Satz 2.3.1 beginnen wir mit a.:

zu a. Es sind zwei Fälle zu unterscheiden:

1. *Fall:* $\vec{y} = \vec{0} \vee \vec{x} = \vec{0}$: *Dann folgt die Aussage sofort, da sowohl die linke wie die rechte Seite identisch Null sind und natürlich* $\vec{x}$ *und* $\vec{y}$ *linear abhängig sind.*

2. *Fall:* $\vec{y} \neq \vec{0} \wedge \vec{x} \neq \vec{0} \Rightarrow \langle \vec{x}, \vec{x}\,\rangle > 0\,, \;\; \langle \vec{y}, \vec{y}\,\rangle > 0$

Zum 2. Fall:
Ansatz: für ein $\lambda \in \mathbb{R}$ (fest) gilt:

$$\begin{aligned} 0 &\leq \langle \vec{x} - \lambda \cdot \vec{y}, \vec{x} - \lambda \cdot \vec{y} \rangle \\ 0 &\leq \langle \vec{x}, \vec{x} \rangle - 2\lambda \langle \vec{x}, \vec{y} \rangle + \lambda^2 \langle \vec{y}, \vec{y} \rangle \end{aligned}$$

Man setzt, da zwei Varianten möglich sind:

$$\lambda := c \cdot \sqrt{\frac{\langle \vec{x}, \vec{x} \rangle}{\langle \vec{y}, \vec{y} \rangle}} \text{ ,mit } \quad c = \begin{cases} +1 & \langle \vec{x}, \vec{y} \rangle \geq 0 \\ -1 & \langle \vec{x}, \vec{y} \rangle < 0 \end{cases}$$

$$\begin{aligned} &\Rightarrow \quad 0 \leq \langle \vec{x}, \vec{x} \rangle - 2 \cdot c \cdot \sqrt{\frac{\langle \vec{x}, \vec{x} \rangle}{\langle \vec{y}, \vec{y} \rangle}} \langle \vec{x}, \vec{y} \rangle + \frac{\langle \vec{x}, \vec{x} \rangle}{\langle \vec{y}, \vec{y} \rangle} \langle \vec{y}, \vec{y} \rangle \\ &\Leftrightarrow \quad 0 \leq 2\langle \vec{x}, \vec{x} \rangle - 2 \cdot c \cdot \sqrt{\frac{\langle \vec{x}, \vec{x} \rangle}{\langle \vec{y}, \vec{y} \rangle}} \langle \vec{x}, \vec{y} \rangle \\ &\Leftrightarrow \quad c \cdot \sqrt{\frac{\langle \vec{x}, \vec{x} \rangle}{\langle \vec{y}, \vec{y} \rangle}} \langle \vec{x}, \vec{y} \rangle \leq \langle \vec{x}, \vec{x} \rangle \end{aligned}$$

In der letzten Ungleichung ist die linke Seite wegen $c \cdot \langle \vec{x}, \vec{y} \rangle \geq 0$ immer positiv.

$$\begin{aligned} \Leftrightarrow \quad \frac{\langle \vec{x}, \vec{x} \rangle}{\langle \vec{y}, \vec{y} \rangle} \langle \vec{x}, \vec{y} \rangle^2 &\leq \langle \vec{x}, \vec{x} \rangle^2 \\ \Leftrightarrow \quad \langle \vec{x}, \vec{y} \rangle^2 &\leq \langle \vec{x}, \vec{x} \rangle \cdot \langle \vec{y}, \vec{y} \rangle \\ \Leftrightarrow \quad |\langle \vec{x}, \vec{y} \rangle| &\leq \sqrt{\langle \vec{x}, \vec{x} \rangle} \cdot \sqrt{\langle \vec{y}, \vec{y} \rangle} \\ \Leftrightarrow \quad |\langle \vec{x}, \vec{y} \rangle| &\leq |\vec{x}| \cdot |\vec{y}| \qquad \square \end{aligned}$$

zu b. Hier verwenden wir die Schritte aus dem Beweis zu a. in umgekehrter Reihenfolge für die Gleichheit in der Cauchy-Schwarz Ungleichung:

$$\begin{aligned} |\langle \vec{x}, \vec{y} \rangle| &= |\vec{x}| \cdot |\vec{y}| \\ \Leftrightarrow \quad 0 &= \langle \vec{x} - \lambda \cdot \vec{y}, \vec{x} - \lambda \cdot \vec{y} \rangle \\ \Leftrightarrow \quad 0 &= \vec{x} - \lambda \cdot \vec{y} \\ \Leftrightarrow \quad \vec{x} &= \lambda \cdot \vec{y} \qquad \square \end{aligned}$$

Insbesondere die Cauchy-Schwarz'sche Ungleichung bildet die Grundlage für eine zweite Form des Skalarproduktes.

So ist das Skalarprodukt in der gegebenen Definition zwar einfach zu berechnen aber es ist ihm noch nicht anzusehen, welche geometrische Bedeutung sein Ergebnis besitzt. Deshalb definieren wir eine zweite Form des Skalarproduktes für den Fall des Vektorraums $V = \mathbb{R}^n$.

Satz 2.3.2. *(Skalarprodukt im $\mathbb{R}^n$ [2.Form])*
Seien $\vec{x}, \vec{y} \in \mathbb{R}^n$ zwei Vektoren. Dann ist das Skalarprodukt im $\mathbb{R}^n$ auch gegeben durch

$$\langle \vec{x}, \vec{y} \rangle = |\vec{x}| \cdot |\vec{y}| \cdot \cos(\varphi)$$

Wobei $\varphi \in [0, \pi]$ den eingeschlossenen Winkel zwischen den Vektoren $\vec{x}$ und $\vec{y}$ bezeichnet.

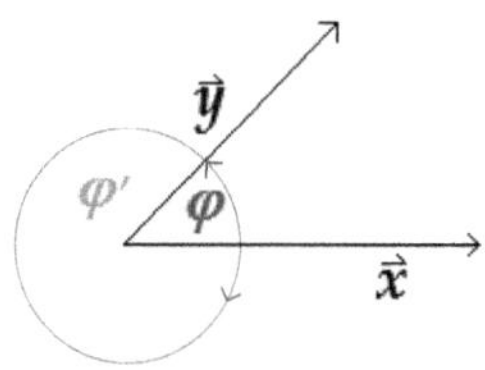

Abbildung 2.11: Winkel zwischen Vektoren

Bemerkungen 2.3.7.

1. *In Abbildung 2.11 zu Satz 2.3.2 ist der eingeschlossene Winkel der kleinere der Winkel φ und φ'.*

2. *Diese 2.Form des Skalarproduktes zeigt, dass das Skalarprodukt von zwei Vektoren die senkrechte Projektion des Produktes der Beträge (Produkt der Längen) der beiden Vektoren aus der Richtung des einen auf die Richtung des anderen berechnet.*

   Anschaulich stellt sich die bezeichnete Projektion im $\mathbb{R}^2$ wie in der folgenden Abbildung 2.12 dar:

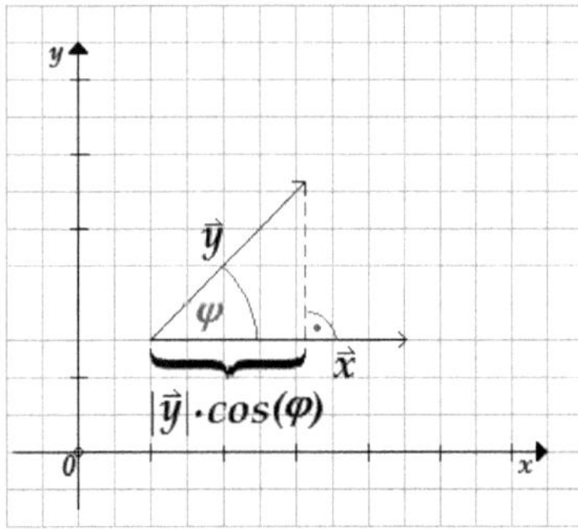

Abbildung 2.12: Projektion des Skalarprodukts

3. *Die 2.Form des Skalarproduktes ergibt sich, ausgehend von der Cauchy-Schwarz'schen Ungleichung:* $(\vec{x}, \vec{y} \in \mathbb{R}^n \setminus \{\vec{0}\})$

$$|\langle \vec{x}, \vec{y} \rangle| \leq |\vec{x}\,| \cdot |\vec{y}\,| \quad \Leftrightarrow \quad -1 \leq \frac{\langle \vec{x}, \vec{y} \rangle}{|\vec{x}\,| \cdot |\vec{y}\,|} \leq 1$$

$$\Rightarrow \quad \exists\, \varphi \in [0, \pi]: \quad \cos(\varphi) = \frac{\langle \vec{x}, \vec{y} \rangle}{|\vec{x}\,| \cdot |\vec{y}\,|}$$

4. *Mit Hilfe der 2.Form des Skalarproduktes lässt sich der eingeschlossene Winkel* $\varphi \in \left[0, \frac{\pi}{2}\right]$*, der Richtungsunterschied zwischen zwei Vektoren* $\vec{x}, \vec{y} \in \mathbb{R}^n$*, betraglich bestimmen:*

$$\cos(\varphi) = \left| \frac{\langle \vec{x}, \vec{y} \rangle}{|\vec{x}\,| \cdot |\vec{y}\,|} \right|$$

5. *Als Nachtrag zur 1.Form des Skalarproduktes (Definition 2.3.7) sei angemerkt, dass diese auch aus der Bemerkung 2.3.6 (6.) für die kanonischen Einheitsvektoren abgeleitet werden kann:*
Seien z. B. $\vec{x}, \vec{y} \in \mathbb{R}^3$ *gegeben,*
mit $\vec{x} = x_1\vec{e}_1 + x_2\vec{e}_2 + x_3\vec{e}_3\,,\ \vec{y} = y_1\vec{e}_1 + y_2\vec{e}_2 + y_3\vec{e}_3$

$$\begin{aligned} \Rightarrow \quad \langle \vec{x}, \vec{y} \rangle &= \langle (x_1\vec{e}_1 + x_2\vec{e}_2 + x_3\vec{e}_3), (y_1\vec{e}_1 + y_2\vec{e}_2 + y_3\vec{e}_3) \rangle \\ &= x_1y_1\langle \vec{e}_1, \vec{e}_1 \rangle + x_1y_2\langle \vec{e}_1, \vec{e}_2 \rangle + x_1y_3\langle \vec{e}_1, \vec{e}_3 \rangle \\ &\quad + x_2y_1\langle \vec{e}_2, \vec{e}_1 \rangle + x_2y_2\langle \vec{e}_2, \vec{e}_2 \rangle + x_2y_3\langle \vec{e}_2, \vec{e}_3 \rangle \\ &\quad + x_3y_1\langle \vec{e}_3, \vec{e}_1 \rangle + x_3y_2\langle \vec{e}_1, \vec{e}_1 \rangle + x_3y_3\langle \vec{e}_1, \vec{e}_1 \rangle \\ &= x_1y_1 + x_2y_2 + x_3y_3 \end{aligned}$$

Definition 2.3.8. *(Orthogonalität)*
In einem euklidischen Vektorraum $(V, \langle\cdot,\cdot\rangle)$ *heißen zwei Vektoren* $\vec{x}, \vec{y} \in V \setminus \{\vec{0}\}$ **orthogonal**, *falls gilt*

$$\langle\vec{x}, \vec{y}\rangle = 0$$

Bemerkung 2.3.8.
Zwei Vektoren $\vec{x}, \vec{y} \in \mathbb{R}^n$ *sind zwar genau dann orthogonal, falls der eingeschlossene Winkel gerade den Wert* $\frac{\pi}{2}$ *annimmt, ihre Richtungen folglich senkrecht aufeinander stehen, aber grundsätzlich ist der Begriff der Orthogonalität im allgemeinen Skalarprodukt unabhängig von den Richtungen definiert, die wir ja nur im* $\mathbb{R}^n$ *vorliegen haben.*

Beispiele 2.3.2.

1. *Das Skalarprodukt findet zum Beispiel in der Physik Anwendung zur Berechnung der Arbeit. Wenn ein Körper der Masse* m *sich entlang eines geraden Wegelements* $\Delta\vec{s}$ *bewegt und an jedem Punkt des Weges quer zu diesem die konstante Kraft* $\vec{F}$ *wirkt.*

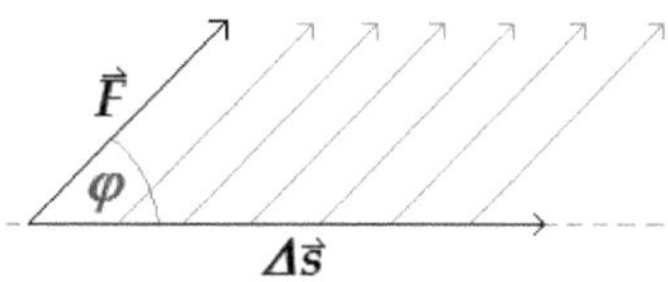

Abbildung 2.13: Projektion einer Kraft auf ein Wegelement

Die Arbeit, als Projektion des Kraftanteils von $\vec{F}$ *in Richtung des Wegelements* $\Delta\vec{s}$*, wird durch* $W = \vec{F} \circ \Delta\vec{s}$ *berechnet.*

2. *Seien die folgenden zwei Punkte des* $\mathbb{R}^3$ *gegeben:* $(0, 1, 2)$, $(1, 2, 3)$ *Dann bestimmt sich der Winkel zwischen den zugehörigen Ortsvektoren wie folgt:*

$$\cos(\alpha) = \left|\frac{0 \cdot 1 + 1 \cdot 2 + 2 \cdot 3}{\sqrt{5} \cdot \sqrt{15}}\right| = \frac{7}{5\sqrt{3}} \approx 0,80829 \quad \Rightarrow \quad \alpha \approx 36{,}07°$$

3. *Zwei verschiedene kanonische Einheitsvektoren sind jeweils paarweise orthogonal zueinander (siehe Bemerkung 2.3.6 (6.)).*

Skalarprodukt und lineare Unabhängigkeit

Definitionen 2.3.9. *(Orthogonal- und Orthonormalsystem)*
Gegeben seien $\vec{x}_1, ..., \vec{x}_n \in V$ paarweise orthogonale Vektoren eines euklidischen Raums $(V, \langle\cdot,\cdot\rangle)$.

1. *Dann nennt man die Menge $\{\vec{x}_1, ..., \vec{x}_n\}$ ein* **Orthogonalsystem** *(OGS).*

2. *Haben alle Vektoren $\vec{x}_1, ..., \vec{x}_n$ jeweils die Länge 1, so wird das OGS ein* **Orthonormalsystem** *(ONS) genannt.*

3. *Bildet ein OGS bereits eine Basis von V, so nennt man es eine* **Orthogonalbasis** *(OGB).*

4. *Ein ONS, welches eine Basis von V bildet, heißt* **Orthonormalbasis** *(ONB).*

Die Darstellung eines Vektors $\vec{a} \in V$ durch eine ONB des reellen euklidischen Raums $(V, \langle\cdot,\cdot\rangle)$ kann man wie folgt bestimmen:

Bemerkung 2.3.9.
Seien $\{\vec{x}_1, ..., \vec{x}_n\}$ eine ONB des euklidischen Raums $(V, \langle\cdot,\cdot\rangle)$ und $\vec{a} \in V$, mit

$$\vec{a} = \sum_{j=1}^{n} \alpha_j \vec{x}_j$$

Dann bestimmen sich die noch unbekannten Koeffizienten $\alpha_j \in \mathbb{R}$, $j = 1, \ldots, n$, von $\vec{a}$ bezüglich der ONB aus der Projektion von $\vec{a}$ auf die durch die Vektoren der ONB vorgegebenen Richtungen:

$$\alpha_j = \langle \vec{a}, \vec{x}_j \rangle, \ j = 1, \ldots, n \tag{2.4}$$

Korollar 2.3.3.
Sind $\vec{x}_1, \ldots, \vec{x}_n \in V \setminus \{\vec{0}\}$ Vektoren in einem euklidischen Raum $(V, \langle\cdot,\cdot\rangle)$, die paarweise orthogonal sind, so sind $\vec{x}_1, \ldots, \vec{x}_n$ linear unabhängig.

Wir können, mit anderen Worten, in Bezug auf dieses Korollar von vorneherein feststellen, dass n Vektoren des $\mathbb{R}^n$, welche paarweise orthogonal zueinander sind, automatisch eine Basis des $\mathbb{R}^n$ bilden.

Oft hat man eine linear unabhängige Menge $\{\vec{x}_1, \ldots, \vec{x}_n\}$ eines euklidischen-Raums $(V, \langle\cdot,\cdot\rangle)$ gegeben. Diese Menge bildet dann eine Basis eines Untervektorraums $U = \text{span}(\vec{x}_1, \ldots, \vec{x}_n) \subseteq V$.

Hieraus stellt sich die Frage, ob es möglich ist, mit Hilfe dieser Basis des Unterraums U ein ONS und damit eine ONB von U zu konstruieren. Als Vorbereitung für die anstehende Konstruktion einer ONB betrachten wir zuerst die Zerlegbarkeit eines Vektors in einen Anteil, welcher durch das ONB bestimmt wird und einen dazu unabhängigen Vektor.

Satz 2.3.4.
Sei V ein euklidischer $\mathbb{K}$-Vektorraum und $\vec{v}_1, \ldots \vec{v}_k$ ein ONS in V, mit $span(\vec{v}_1, \ldots \vec{v}_k) = U$. U ist dann ein Unterraum von V und $U^\perp$ sei ein weiterer Unterraum von V, mit $U \oplus U^\perp = V$.
Dann existieren für jedes $\vec{x} \in V$ Vektoren $\vec{u} \in U$ und $\vec{u}^\perp \in U^\perp$, mit

$$\vec{u} = \sum_{i=1}^{k} \langle \vec{v}_i, \vec{x} \rangle \vec{v}_i \qquad \textit{und} \qquad \vec{u}^\perp = \vec{x} - \vec{u}$$

Aus Satz 2.3.4 folgt, dass man jeden Vektor $\vec{w} \in U$ durch das ONS von U darstellen kann, als

$$\vec{w} = \sum_{i=1}^{k} \langle \vec{v}_i, \vec{w} \rangle \vec{v}_i$$

Diese Darstellung bildet die Grundlage für das nun folgende Konstruktionsverfahren eines ONS aus einer beliebigen Basis des Unterraums U.

Konstruktion eines ONS

Seien die Vektoren $\vec{v}_1, \ldots, \vec{v}_k \in V$ linear unabhängige Vektoren eines euklidischen $\mathbb{K}$-Vektorraums V und sei weiterhin $U = \text{span}(\vec{v}_1, \ldots \vec{v}_k)$, der von den Vektoren aufgespannte Unterraum $U \subseteq V$.
Aus den Vektoren $\vec{v}_1, \ldots \vec{v}_k$, die eine Basis von U bilden, soll in folgenden Schritten eine ONB von U konstruiert werden.

1. Schritt:
   Zum Start reicht es aus, einen der Vektoren als Startvektor auszuwählen, z. B. $\vec{v}_1$ und diesen auf die Länge 1 zu normieren:
   $$\vec{u}_1 = \frac{\vec{v}_1}{|\vec{v}_1|}$$
2. Schritt:
   Projiziert man den zweiten Vektor, $\vec{v}_2$, über das Skalarprodukt $\langle \vec{v}_2, \vec{u}_1 \rangle$ auf $\vec{u}_1$, so ist durch
   $$\vec{v}_2 - \langle \vec{v}_2, \vec{u}_1 \rangle \cdot \vec{u}_1$$
   ein Vektor gegeben, welcher orthogonal zu $\vec{u}_1$ ist. Normiert ergibt sich der zweite Vektor des ONS:
   $$\vec{u}_2 = \frac{\vec{v}_2 - \langle \vec{v}_2, \vec{u}_1 \rangle \cdot \vec{u}_1}{|\vec{v}_2 - \langle \vec{v}_2, \vec{u}_1 \rangle \cdot \vec{u}_1|}$$
3. Schritt:
   Analog zum 2. Schritt erhält man den dritten Vektor des ONS, $\vec{u}_3$, indem man die Projektionen des Vektors $\vec{v}_3$ auf $\vec{u}_1$ und $\vec{u}_2$ von diesem subtrahiert und anschließend normiert:
   $$\vec{u}_3 = \frac{\vec{v}_3 - \langle \vec{v}_3, \vec{u}_1 \rangle \cdot \vec{u}_1 - \langle \vec{v}_3, \vec{u}_2 \rangle \cdot \vec{u}_2}{|\vec{v}_3 - \langle \vec{v}_3, \vec{u}_1 \rangle \cdot \vec{u}_1 - \langle \vec{v}_3, \vec{u}_2 \rangle \cdot \vec{u}_2|}$$
4. Schritt:
   Allgemein beweist man mittels vollständiger Induktion die zugehörige Rekursionsformel:
   $$\vec{u}_1 = \frac{\vec{v}_1}{|\vec{v}_1|} \quad \text{und} \quad \vec{u}_k = \frac{\vec{v}_k - \sum_{i=1}^{k-1} \langle \vec{v}_k, \vec{u}_i \rangle \cdot \vec{u}_i}{|\vec{v}_k - \sum_{i=1}^{k-1} \langle \vec{v}_k, \vec{u}_i \rangle \cdot \vec{u}_i|} \tag{2.5}$$

Bemerkung 2.3.10.
Man beachte, dass für alle $k \in \mathbb{N}$ der Nenner $|\vec{v}_k - \sum_{i=1}^{k-1} \langle \vec{v}_k, \vec{u}_i \rangle \cdot \vec{u}_i|$ in (2.5) nie null wird.

Diese Konstruktionsanleitung für das zu den linear unabhängigen Vektoren $\vec{v}_1, \ldots, \vec{v}_k \in U \subseteq V$ gehörende ONS $\vec{u}_1, \ldots, \vec{u}_k \in U$, wird nach ihren Entwicklern das

Gram-Schmidt'sche Orthonormalisierungsverfahren

genannt und ist die Grundlage für den Beweis des folgenden Satzes.

Satz 2.3.5.
Seien $\vec{x}_1, \ldots, \vec{x}_n$ linear unabhängige Vektoren eines euklidischen $\mathbb{K}$-Vektorraums V, dann existiert ein ONS $\vec{u}_1, \ldots, \vec{u}_n$, so dass

$$span(\vec{x}_1, \ldots, \vec{x}_k) = span(\vec{u}_1, \ldots, \vec{u}_k) \text{ für alle } 1 \leq k \leq n.$$

Der Leser kann mit dem obigen Orthonormalisierungsverfahren den Nachweis führen (siehe Übungen).

Bemerkung 2.3.11.
Konstruiert man aus den linear unabhängigen Vektoren $\vec{v}_1, \ldots, \vec{v}_k \in U$, mit $U = span(\vec{v}_1, \ldots, \vec{v}_k)$, das ONS $\vec{u}_1, \ldots, \vec{u}_k \in U$, so ist die Menge der $\vec{u}_i$ $(i = 1, \ldots, k)$ natürlich eine ONB von U.

In den folgenden Beispielen (Abbildung 2.14 und Beispiel 2.3.3) wird nun zu jeweils einer Menge von linear unabhängigen Vektoren des $\mathbb{R}^2$ bzw. des $\mathbb{R}^3$ mittels des Gram-Schmidt'schen Orthonormalisierungsverfahrens je ein ONS konstruiert:

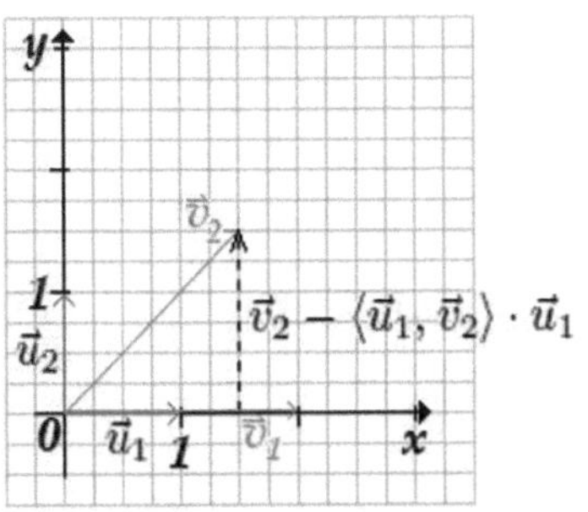

$$\vec{v}_1 = \begin{pmatrix} 2 \\ 0 \end{pmatrix} \quad \vec{v}_2 = \begin{pmatrix} 1.5 \\ 1.5 \end{pmatrix}$$

$$\vec{u}_1 = \frac{1}{2} \begin{pmatrix} 2 \\ 0 \end{pmatrix} = \begin{pmatrix} 1 \\ 0 \end{pmatrix}$$

$$\vec{u}_2 = \frac{\vec{v}_2 - \langle \vec{u}_1, \vec{v}_2 \rangle \cdot \vec{u}_1}{|\vec{v}_2 - \langle \vec{u}_1, \vec{v}_2 \rangle \cdot \vec{u}_1|} = \begin{pmatrix} 0 \\ 1 \end{pmatrix}$$

Abbildung 2.14: Beispiel: Orthonormalisierung im $\mathbb{R}^2$

Beispiel 2.3.3. *(Gram-Schmidt'sches Orthonormalisierungsverfahren)*

Gegeben seien im $\mathbb{R}^3$ die linear unabhängigen Vektoren

$$\vec{x}_1 = \begin{pmatrix} 1 \\ 0 \\ 1 \end{pmatrix}, \vec{x}_2 = \begin{pmatrix} 1 \\ 1 \\ 1 \end{pmatrix}, \vec{x}_3 = \begin{pmatrix} 0 \\ 1 \\ 1 \end{pmatrix}$$

Zu bestimmen ist das zugehörige ONS $(\vec{u}_1, \vec{u}_2, \vec{u}_3)$:

1. *Schritt:*

$$\vec{u}_1 = \frac{\sqrt{2}}{2} \cdot \begin{pmatrix} 1 \\ 0 \\ 1 \end{pmatrix}$$

2. *Schritt:*

$$\vec{u}_2 = \frac{\begin{pmatrix} 1 \\ 1 \\ 1 \end{pmatrix} - 1/2 \cdot \left\langle \begin{pmatrix} 1 \\ 1 \\ 1 \end{pmatrix}, \begin{pmatrix} 1 \\ 0 \\ 1 \end{pmatrix} \right\rangle \cdot \begin{pmatrix} 1 \\ 0 \\ 1 \end{pmatrix}}{\left| \begin{pmatrix} 1 \\ 1 \\ 1 \end{pmatrix} - 1/2 \cdot \left\langle \begin{pmatrix} 1 \\ 1 \\ 1 \end{pmatrix}, \begin{pmatrix} 1 \\ 0 \\ 1 \end{pmatrix} \right\rangle \cdot \begin{pmatrix} 1 \\ 0 \\ 1 \end{pmatrix} \right|} = \begin{pmatrix} 0 \\ 1 \\ 0 \end{pmatrix}$$

3. *Schritt:*

$$\begin{aligned} \langle \vec{x}_3, \vec{u}_1 \rangle &= \left\langle \begin{pmatrix} 0 \\ 1 \\ 1 \end{pmatrix}, \frac{\sqrt{2}}{2} \cdot \begin{pmatrix} 1 \\ 0 \\ 1 \end{pmatrix} \right\rangle = \frac{\sqrt{2}}{2} \\ \langle \vec{x}_3, \vec{u}_2 \rangle &= \left\langle \begin{pmatrix} 0 \\ 1 \\ 1 \end{pmatrix}, \begin{pmatrix} 0 \\ 1 \\ 0 \end{pmatrix} \right\rangle = 1 \\ \vec{u}_3 &= \frac{\begin{pmatrix} 0 \\ 1 \\ 1 \end{pmatrix} - 1/2 \cdot \begin{pmatrix} 1 \\ 0 \\ 1 \end{pmatrix} - \begin{pmatrix} 0 \\ 1 \\ 0 \end{pmatrix}}{\left| \begin{pmatrix} 0 \\ 1 \\ 1 \end{pmatrix} - 1/2 \cdot \begin{pmatrix} 1 \\ 0 \\ 1 \end{pmatrix} - \begin{pmatrix} 0 \\ 1 \\ 0 \end{pmatrix} \right|} = \frac{\sqrt{2}}{2} \cdot \begin{pmatrix} -1 \\ 0 \\ 1 \end{pmatrix} \end{aligned}$$

2.3.2 Vektor- und Spatprodukt

Neben dem Skalarprodukt existiert für Vektoren aus dem $\mathbb{R}^3$ (und nur auf dem $\mathbb{R}^3$) noch ein zweites wichtiges Produkt, das Vektor- oder auch Kreuzprodukt.

Definition 2.3.10. *(Vektorprodukt/Kreuzprodukt im $\mathbb{R}^3$)*
Seien $\vec{x}, \vec{y} \in \mathbb{R}^3$ zwei Vektoren. Dann definieren wir das **Vektorprodukt** *(Kreuzprodukt) von $\vec{x}, \vec{y}$ durch*

$$\vec{x} \times \vec{y} = \begin{pmatrix} x_1 \\ x_2 \\ x_3 \end{pmatrix} \times \begin{pmatrix} y_1 \\ y_2 \\ y_3 \end{pmatrix} := \begin{pmatrix} x_2 y_3 - y_2 x_3 \\ x_3 y_1 - y_3 x_1 \\ x_1 y_2 - x_2 y_1 \end{pmatrix}$$

Bemerkung 2.3.12.
Das Vektorprodukt ist eine Abbildung $\times : \mathbb{R}^3 \times \mathbb{R}^3 \to \mathbb{R}^3$, mit den folgenden Eigenschaften:
Für $\vec{x}, \vec{y}, \vec{z} \in \mathbb{R}^3$, $\lambda, \mu \in \mathbb{R}$ ist das Vektorprodukt

1. *antisymmetrisch:* $\vec{x} \times \vec{y} = -\vec{y} \times \vec{x}$
2. *alternierend:* $\vec{x} \times \vec{x} = \vec{0}$
3. *bilinear:* $\vec{x} \times (\lambda \cdot \vec{y} + \mu \cdot \vec{z}) = \lambda \cdot (\vec{x} \times \vec{y}) + \mu \cdot (\vec{x} \times \vec{z})$
   $(\lambda \cdot \vec{x} + \mu \cdot \vec{y}) \times \vec{z} = \lambda \cdot (\vec{x} \times \vec{z}) + \mu \cdot (\vec{y} \times \vec{z})$

Für das Vektorprodukt bestehen die folgenden vor allem in der Physik und der technischen Mechanik wichtigen Identitäten:

Satz 2.3.6.
Seien $\vec{w}, \vec{x}, \vec{y}, \vec{z} \in \mathbb{R}^3$. Dann gelten:

1. Die Jacobi-Identität:

$$\vec{x} \times (\vec{y} \times \vec{z}) + \vec{z} \times (\vec{x} \times \vec{y}) + \vec{y} \times (\vec{z} \times \vec{x}) = \vec{0}$$

2. Die Graßmann-Identität:

$$\vec{x} \times (\vec{y} \times \vec{z}) = \langle \vec{x}, \vec{z} \rangle \cdot \vec{y} + \langle \vec{x}, \vec{y} \rangle \cdot \vec{z}$$

3. Die Lagrange-Identität:

$$\langle (\vec{w} \times \vec{x}), (\vec{y} \times \vec{z}) \rangle = \langle \vec{w}, \vec{y} \rangle \cdot \langle \vec{x}, \vec{z} \rangle - \langle \vec{x}, \vec{y} \rangle \cdot \langle \vec{w}, \vec{z} \rangle$$

(Die Beweise sind Teilaufgaben in den Übungen)

Bemerkungen 2.3.13.

1. *Der Vektor* $(\vec{x} \times \vec{y}) \in \mathbb{R}^3$ *ist orthogonal zu den beiden Vektoren* $\vec{x}, \vec{y} \in \mathbb{R}^3$*, was jeder für sich selber einmal nachgerechnet haben sollte.*

2. *Die drei Vektoren* $\vec{x}, \vec{y}, \vec{z} \in \mathbb{R}^3$*, mit* $\vec{z} := (\vec{x} \times \vec{y})$*, bilden in dieser Reihenfolge ein Rechtssystem. Diese Bezeichnung orientiert sich an der Zuordnung der Lage der Vektoren im Raum zu Daumen, Zeige- und Mittelfinger der rechten Hand.*

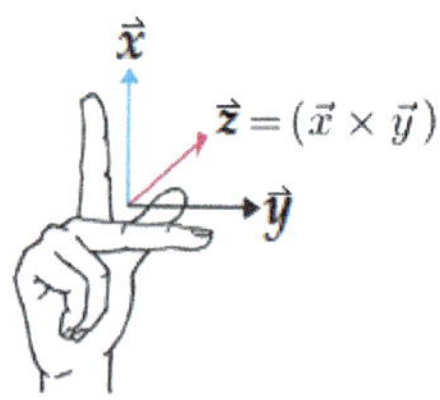

Neben der ausgezeichneten Richtung des Vektors $(\vec{x} \times \vec{y}) \in \mathbb{R}^3$ besitzt vor allem sein Betrag eine wesentliche geometrische Bedeutung.

Satz 2.3.7.
Seien $\vec{x}, \vec{y} \in \mathbb{R}^3$*. Dann ist der Betrag des Vektors* $(\vec{x} \times \vec{y}) \in \mathbb{R}^3$ *gleich der Fläche des von* $\vec{x}$ *und* $\vec{y}$ *aufgespannten Parallelogramms.*

In zwei Schritten wird der Beweis erst algebraisch geführt und anschließend geometrisch veranschaulicht.

1. Seien $\vec{x}, \vec{y} \in \mathbb{R}^3$

$$\begin{aligned}
|\vec{x} \times \vec{y}\,|^2 &= \langle\, (\vec{x} \times \vec{y}), (\vec{x} \times \vec{y})\,\rangle \\
&= \langle\, \vec{x}, \vec{x}\,\rangle \cdot \langle\, \vec{y}, \vec{y}\,\rangle - \langle\, \vec{x}, \vec{y}\,\rangle^2 \quad \text{Lagrange-Identität} \\
&= |\vec{x}\,|^2 \cdot |\vec{y}\,|^2 - \langle\, \vec{x}, \vec{y}\,\rangle^2 \\
&= |\vec{x}\,|^2 \cdot |\vec{y}\,|^2 \left(1 - \cos^2(\varphi)\right) \\
\Rightarrow \quad |\vec{x} \times \vec{y}\,|^2 &= |\vec{x}\,|^2 \cdot |\vec{y}\,|^2 \cdot \sin^2(\varphi) \\
\Leftrightarrow \quad |\vec{x} \times \vec{y}\,| &= |\vec{x}\,| \cdot |\vec{y}\,| \cdot \sin(\varphi) \quad \varphi \in [0; \pi]
\end{aligned}$$

2. Die geometrische Veranschaulichung des Betrags des Vektorprodukts $(\vec{x} \times \vec{y})$ als Flächeninhalt A_p des aufgespannten Parallelogramms ergibt sich aus der folgenden Grafik

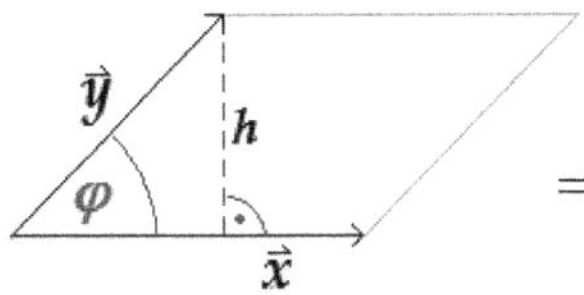

$$\begin{aligned} h &= |\vec{y}| \cdot \sin(\varphi) \\ \Rightarrow \quad A_p &= |\vec{x}| \cdot h \\ &= |\vec{x}| \cdot |\vec{y}| \cdot \sin(\varphi) \\ &= |\vec{x} \times \vec{y}| \end{aligned}$$

Abbildung 2.15: Betrag des Kreuzproduktes geometrisch

Geometrisch werden Vektorprodukte im $\mathbb{R}^n$ $(n = 2, 3)$ in der analytischen Geometrie eingesetzt. Wir werden in einem späteren Band hierauf noch genauer eingehen.
Neben dem Vektorprodukt gibt es auf dem $\mathbb{R}^3$ noch ein weiteres Produkt, dessen Definition eine geometrische Bedeutung zukommt.

Definition 2.3.11. *(Das Spatprodukt)*
Für drei Vektoren $\vec{x}, \vec{y}, \vec{z} \in \mathbb{R}^3$ ist das **Spatprodukt** *wie folgt definiert*

$$\langle \vec{x}, \vec{y}, \vec{z} \rangle := \langle \vec{x} \times \vec{y}, \vec{z} \rangle = \langle \vec{x}, \vec{y} \times \vec{z} \rangle \tag{2.6}$$

Als Spat, auch Parallelepiped genannt, bezeichnet man ein von sechs Parallelogrammflächen begrenztes Prisma im $\mathbb{R}^3$.

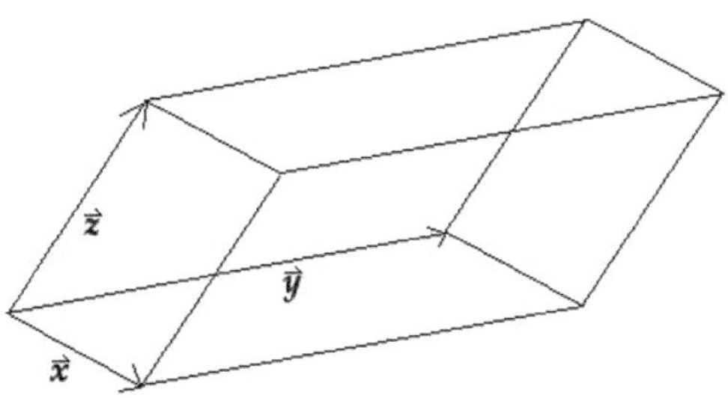

Abbildung 2.16: Ein Spat oder Parallelepiped

Bemerkung 2.3.14.
Der vom Spatprodukt aus den Vektoren $\vec{x}, \vec{y}$ und $\vec{z}$ berechnete Skalar ist im Betrag gleich der Maßzahl des von den Vektoren aufgespannten Volumens.

Bemerkungen 2.3.15.
Im Folgenden seien $\vec{w}, \vec{x}, \vec{y}, \vec{z} \in \mathbb{R}^3$, $\vec{e}_1, \vec{e}_2, \vec{e}_3$ die kanonischen Einheitsvektoren des $\mathbb{R}^3$ und $\lambda \in \mathbb{R}$.

1. *Die Rechenregeln für das Spatprodukt ergeben sich aus denen für das Skalar- bzw. Vektorprodukt.*

2. *Das einfache Vertauschen von Vektoren innerhalb des Spatprodukts resultiert in einem Vorzeichenwechsel, z. B.*

$$\langle \vec{x}, \vec{y}, \vec{z} \rangle = -\langle \vec{y}, \vec{x}, \vec{z} \rangle$$

3. *Ein zyklisches Vertauschen der Vektoren innerhalb des Spatprodukts ändert den Wert des Spatprodukts nicht.*

$$\langle \vec{x}, \vec{y}, \vec{z} \rangle = \langle \vec{z}, \vec{x}, \vec{y} \rangle = \langle \vec{y}, \vec{z}, \vec{x} \rangle$$

4. *Sind die Vektoren $\vec{x}, \vec{y}, \vec{z}$ linear abhängig, folgt $\langle \vec{x}, \vec{y}, \vec{z} \rangle = 0$.*
   Insbesondere gilt $\langle \vec{x}, \vec{x}, \vec{y} \rangle = 0$.

5. *Für die Multiplikation des Spatprodukts mit einem Skalar λ gilt:*

$$\lambda \cdot \langle \vec{x}, \vec{y}, \vec{z} \rangle = \langle \lambda \cdot \vec{x}, \vec{y}, \vec{z} \rangle = \langle \vec{x}, \lambda \cdot \vec{y}, \vec{z} \rangle = \langle \vec{x}, \vec{y}, \lambda \cdot \vec{z} \rangle$$

6. *Das Skalarprodukt ist in jedem Eintrag distributiv bzgl. Vektorsummen:*

$$\langle \vec{w} + \vec{x}, \vec{y}, \vec{z} \rangle = \langle \vec{w}, \vec{y}, \vec{z} \rangle + \langle \vec{x}, \vec{y}, \vec{z} \rangle$$

7. *Das Spatprodukt der kanonischen Einheitsvektoren berechnet betraglich das Volumen des Einheitswürfels im $\mathbb{R}^3$:*

$$\langle \vec{e}_1, \vec{e}_2, \vec{e}_3 \rangle = 1$$

Beispiel 2.3.4.
Seien

$$\vec{x} = \begin{pmatrix} 3 \\ 0 \\ 1 \end{pmatrix}, \vec{y} = \begin{pmatrix} 1 \\ 0 \\ 1 \end{pmatrix}, \vec{z} = \begin{pmatrix} -2 \\ 1 \\ -1 \end{pmatrix}$$

Man bestimme $\langle \vec{x}, \vec{y}, \vec{z} \rangle$.

Was ergeben die Spatprodukte $\langle \vec{y}, \vec{z}, \vec{x} \rangle$ *und* $\langle \vec{y}, \vec{x}, \vec{z} \rangle$*?*

$$\begin{aligned} \langle \vec{x}, \vec{y}, \vec{z} \rangle &= \left\langle \begin{pmatrix} 3 \\ 0 \\ 1 \end{pmatrix} \times \begin{pmatrix} 1 \\ 0 \\ 1 \end{pmatrix}, \begin{pmatrix} -2 \\ 1 \\ -1 \end{pmatrix} \right\rangle \\ &= \left\langle \begin{pmatrix} 0 \\ -2 \\ 0 \end{pmatrix}, \begin{pmatrix} -2 \\ 1 \\ -1 \end{pmatrix} \right\rangle = -2 \end{aligned}$$

$$\begin{aligned} \langle \vec{y}, \vec{z}, \vec{x} \rangle &= \left\langle \begin{pmatrix} 1 \\ 0 \\ 1 \end{pmatrix} \times \begin{pmatrix} -2 \\ 1 \\ -1 \end{pmatrix}, \begin{pmatrix} 3 \\ 0 \\ 1 \end{pmatrix} \right\rangle \\ &= \left\langle \begin{pmatrix} -1 \\ -1 \\ 1 \end{pmatrix}, \begin{pmatrix} 3 \\ 0 \\ 1 \end{pmatrix} \right\rangle = -2 \end{aligned}$$

$$\begin{aligned} \langle \vec{y}, \vec{x}, \vec{z} \rangle &= \left\langle \begin{pmatrix} 1 \\ 0 \\ 1 \end{pmatrix} \times \begin{pmatrix} 3 \\ 0 \\ 1 \end{pmatrix}, \begin{pmatrix} -2 \\ 1 \\ -1 \end{pmatrix} \right\rangle \\ &= \left\langle \begin{pmatrix} 0 \\ 2 \\ 0 \end{pmatrix}, \begin{pmatrix} -2 \\ 1 \\ -1 \end{pmatrix} \right\rangle = 2 \end{aligned}$$

Der zu den Vektoren $\vec{x}, \vec{y}, \vec{z}$ *gehörende Spat besitzt das Volumen*

$$|\langle \vec{x}, \vec{y}, \vec{z} \rangle| = |\langle \vec{y}, \vec{z}, \vec{x} \rangle| = |\langle \vec{y}, \vec{x}, \vec{z} \rangle| = 2$$

2.3.3 Kurzaufgaben zum Verständnis

1. Zwei Vektoren $\vec{a}$ und $\vec{b}$ in einem euklidischen Raum $(V, \langle \cdot, \cdot \rangle)$, für die $\langle \vec{a}, \vec{b} \rangle = 0$ gilt, sind linear unabhängig.

   □ wahr □ falsch

2. Sind $\vec{a}$ und $\vec{b}$ in einem euklidischen Raum V zwei Vektoren ungleich dem Nullvektor, so gibt es $\vec{a}'$ und $\vec{b}'$ die den gleichen Unterraum aufspannen, wie $\vec{a}$ und $\vec{b}$ und die orthogonal zu einander stehen.

   □ wahr □ falsch

3. Sind $\vec{a}, \vec{b} \in \mathbb{R}^3$, $\vec{a} \neq \vec{0} \neq \vec{b}$ und $\vec{c} = \vec{a} \times \vec{b}$ das Vektorprodukt. Dann spannen $\vec{a}$, $\vec{b}$ und $\vec{c}$ den $\mathbb{R}^3$ auf.

   □ wahr □ falsch

4. In jedem Vektorraum $V \neq \{0\}$ sind beliebig viele Vektoren, die nicht gleich dem Nullvektor sind, linear unabhängig.

   □ wahr □ falsch

5. Für $\vec{a}, \vec{b} \in \mathbb{R}^3$ gilt immer: $\vec{a} \times \vec{b} = \vec{b} \times \vec{a}$

   □ wahr □ falsch

6. Sind $\vec{a}, \vec{b} \in \mathbb{R}^3$ linear unabhängig und $\vec{c} \in \operatorname{span}(\vec{a}, \vec{b})$, so gilt immer $\langle \vec{c}, \vec{a} \times \vec{b} \rangle = 0$

   □ wahr □ falsch

7. Bildet man $\ell_2 = \{(x_n)_{n\in\mathbb{N}}; \sum_{n=1}^{\infty} x_n^2 < \infty\}$, die Menge der quadratisch summierbaren Folgen. Dann kann man ℓ_2 zu einem euklidischen Raum machen.

   □ wahr □ falsch

2.3.4 Übungen

Lösungsvideos zu den Übungen können auf www.lsgn24h.de über die Eingabe des Lösungscodes abgerufen werden.

Kl A:

1. Berechnen Sie jeweils den Betrag der angegebenen Vektoren:

   (a)
   $$\vec{x} = (5, 12)^T \in \mathbb{R}^2$$

   (b)
   $$\vec{a} = (3, 1, 12, -4, -9)^T \in \mathbb{R}^5$$

   (c)
   $$\vec{\sigma} = (2, -3, 4, -5, 6, -7, 8)^T \in \mathbb{R}^7$$

   (Lösungscode:SB02VK1A001)

2. Berechnen Sie jeweils die Beträge der gegebenen Differenzen von Vektoren. Gibt es Werte von $\sigma \in \mathbb{R}$, für welche der Betrag der Vektoren $\vec{u}_1$ und $\vec{u}_2$ eins wird?

   (a)
   $$\vec{u}_1 = \begin{pmatrix} 1 \\ -1 \\ -1 \end{pmatrix} - \begin{pmatrix} 0.5 \\ 0.5 \cdot \sigma \\ -1 \end{pmatrix}$$

   (Lösungscode:SB02VK1A002)

   (b)
   $$\vec{u}_2 = \frac{1}{6} \cdot \begin{pmatrix} 6 \\ 1.8 \\ 1 \end{pmatrix} - \begin{pmatrix} \frac{1}{3} \\ -0.2 \\ \frac{2-\sqrt{\sigma}}{12} \end{pmatrix}$$

   (Lösungscode:SB02VK1A003)

3. Zeigen Sie, dass für die Vektoren $\vec{x}, \vec{y} \in \mathbb{R}^3$ und $\vec{v} = \vec{x} \times \vec{y}$ gilt:

   $$\langle \vec{x}, \vec{v} \rangle = \langle \vec{y}, \vec{v} \rangle = 0$$

   (Lösungscode:SB02VK1A004)

4. Berechnen Sie jeweils das Skalarprodukt der zwei angegebenen Vektoren:

   (a)
   $$\vec{x}_1 = (2,5)^T\ , \quad \vec{y}_1 = (-3,2)^T$$
   (Lösungscode:SB02VK1A005)

   (b)
   $$\vec{x}_2 = (1,0,7)^T\ , \quad \vec{y}_2 = (-14,36,2)^T$$
   (Lösungscode:SB02VK1A006)

   (c)
   $$\vec{x}_3 = (3,-1,4,-1,3,-1,4,-1)^T\ , \quad \vec{y}_3 = (1,2,1,3,1,4,1,5)^T$$
   (Lösungscode:SB02VK1A007)

5. Bestimmen Sie jeweils den euklidischen Abstand zwischen den folgenden Punkten:

   (a)
   $$A(2,5)\ , \quad B(-3,2)$$
   (Lösungscode:SB02VK1A008)

   (b)
   $$A_1(1,0,7)\ , \quad B_1(-14,36,2)$$
   (Lösungscode:SB02VK1A009)

   (c)
   $$A_2(k,0,0,0,\sqrt{0.5},0,1,0)\ ,\ B_2(1,0,0,0,\sqrt{2}\cdot 0.5,0,1,0)\ (k \in \mathbb{R})$$
   (Lösungscode:SB02VK1A010)

6. Berechnen Sie alle einfachen Kreuz-, Skalar- und Spatprodukte der folgenden Vektoren

   $$\vec{x} = (1,-1,4)^T\ , \quad \vec{y} = (2,1,-3)^T\ , \quad \vec{z} = (-6,5,-2)^T$$

   (Lösungscode:SB02VK1A011)

Kl B:

1. Beweisen Sie, dass für die Richtungswinkel $\alpha_1, \ldots, \alpha_n \in [0, 2\pi]$ in der Winkeldarstellung des Vektors $\vec{a} = (a_1, \ldots, a_n)^T \in \mathbb{R}^n$ gilt

$$\cos^2(\alpha_1) + \ldots + \cos^2(\alpha_n) = 1$$

(Lösungscode:SB02VK1B001)

2. Untersuchen Sie, ob die folgenden durch ihre drei Eckpunkte gegebenen Dreiecke gleichschenklig, rechtwinklig oder sogar gleichseitig sind.

(a)

$$A_1(0,0,0)\ ;\ B_1(-1,4,8)\ ;\ C_1(3,6,6)$$

(Lösungscode:SB02VK1B002)

(b)

$$A_2(1,0,2)\ ;\ B_2(10,8,10)\ ;\ C_2(12,2,8)$$

(Lösungscode:SB02VK1B003)

(c)

$$A_3(1,1,1)\ ;\ B_3(4,4,1)\ ;\ C_3(2.5, 2.5, \sqrt{12.5})$$

(Lösungscode:SB02VK1B004)

3. Rechnen Sie nach, dass im $\mathbb{R}^n$ die folgenden Beziehungen gelten:

(a)

$$\langle \vec{x} + \vec{y}, \vec{x} - \vec{y} \rangle = |\vec{x}\,|^2 - |\vec{y}\,|^2$$

(Lösungscode:SB02VK1B005)

(b)

$$|\vec{x} - \vec{y}\,|^2 = |\vec{x}\,|^2 + |\vec{y}\,|^2 - 2\langle \vec{x}, \vec{y} \rangle$$

Der allgemeine Satz von Pythagoras

(Lösungscode:SB02VK1B006)

(c)

$$|\vec{x} - \vec{y}\,|^2 + |\vec{x} + \vec{y}\,|^2 = 2|\vec{x}\,|^2 + 2|\vec{y}\,|^2$$

Die Parallelogramm-Gleichung

(Lösungscode:SB02VK1B007)

4. Rechnen Sie nach, dass das reelle Skalarprodukt symmetrisch ist.

(Lösungscode:SB02VK1B008)

5. Beweisen Sie Bemerkung 2.3.10.

(Lösungscode:SB02VK1B009)

6. Gegeben seien im $\mathbb{R}^3$ die Vektoren

$$\vec{x}_1 = \begin{pmatrix} 4 \\ 3 \\ 1 \end{pmatrix}, \vec{x}_2 = \begin{pmatrix} -2 \\ 3 \\ -1 \end{pmatrix}, \vec{x}_3 = \begin{pmatrix} 0.5 \\ 2 \\ -1 \end{pmatrix}$$

Bestimmen Sie das zugehörige ONS $(\vec{e}_1, \vec{e}_2, \vec{e}_3)$

(Lösungscode:SB02VK1B010)

Kl C:

1. Bilden die folgenden drei Vektoren

$$\vec{u} = (1, 10, 1, 11, 1)^T \ , \quad \vec{v} = (15, -8, 1, 13, -5)^T$$
$$\vec{w} = (7, -9, 0, 1, -3)^T$$

die Eckpunkte eines Dreiecks im $\mathbb{R}^5$?

(Lösungscode:SB02VK1C001)

2. Beweisen Sie durch direktes Nachrechnen die Graßmann-Identität.

(Lösungscode:SB02VK1C002)

3. Beweisen Sie die Jacobi-Identität.

(Lösungscode:SB02VK1C003)

4. Beweisen Sie die Lagrange-Identität.

(Lösungscode:SB02VK1C004)

5. Überprüfen Sie, ob das Kreuzprodukt assoziativ ist.

(Lösungscode:SB02VK1C005)

6. Beweisen Sie Satz 2.3.5.

(Lösungscode:SB02VK1C006)

Kl D:

1. Mit $\ell_p = \{(a_n)_{n\in\mathbb{N}};\ \sum_{n=1}^{\infty} |a_n|^p < \infty,\ a_n \in \mathbb{R}\}$, $p \in \mathbb{N}$, bezeichnen wir die Menge der p-summierbaren Folgen.

   (a) Zeigen Sie, dass ℓ_2 ein $\mathbb{R}$-Vektorraum ist und mit der Definition

   $$\langle \vec{a}, \vec{b}\,\rangle = \sum_{n=1}^{\infty} a_n b_n,\ \vec{a} = (a_n)_{n\in\mathbb{N}},\ \vec{b} = (b_n)_{n\in\mathbb{N}} \in \ell_2$$

   ein euklidischer Raum.

   (Lösungscode:SB02VK1D001)

   (b) Setzt man für $\vec{a} = (a_n)_{n\in\mathbb{N}} \in \ell_1$

   $$\|\vec{a}\|_1 = \sum_{n=1}^{\infty} |a_n|,$$

   so bildet $\|\cdot\|_1$ eine Norm auf dem Vektorraum ℓ_1.

   (Lösungscode:SB02VK1D002)

   (c) Mit Hilfe der Parallelogrammgleichung zeige man, dass es kein Skalarprodukt $\langle\,\cdot,\cdot\rangle$ auf ℓ_1 gibt, welches die Norm aus (b) erzeugt, d. h.

   $$\|\vec{a}\|_1 = \sqrt{\langle \vec{a}, \vec{a}\,\rangle}$$

   (Lösungscode:SB02VK1D003)

2. Seien $(V, \langle\,\cdot\,\rangle)$ ein euklidischer Raum, mit $\dim(V) = n$ $(n \in \mathbb{N})$, $\vec{a}, \vec{b} \in V$ und $\vec{a} \neq \vec{b}$. Zeigen Sie:

   Der geometrische Ort aller Punkte $\vec{x} \in V$, die von $\vec{a}$ und $\vec{b}$ den gleichen Abstand haben (d. h. $\|\vec{x} - \vec{a}\| = \|\vec{x} - \vec{b}\|$), ist eine Hyperebene H, d. h. H ist linearer Unterraum von V und $\dim(H) = n - 1$, die senkrecht auf der durch $\vec{a}$ und $\vec{b}$ verlaufenen Geraden g steht. Dabei gilt $\vec{x} \in g$ genau dann, wenn $\vec{x} = \vec{a} + \lambda(\vec{b} - \vec{a}\,)$ für ein $\lambda \in \mathbb{R}$.

   (Lösungscode:SB02VK1D004)

3. Sei $(V, \langle \cdot \rangle)$ ein euklidischer Raum, mit $\dim(V) < \infty$. Seien weiterhin $\vec{a}, \vec{b} \in V$, mit $\vec{a} \neq \vec{0} \neq \vec{b}$. Zeigen Sie, dass der Vektor

$$\vec{c} = \frac{\vec{a}}{\|\vec{a}\|} + \frac{\vec{b}}{\|\vec{b}\|}$$

zu $\vec{a}$ und $\vec{b}$ im gleichen Winkel steht.

(Lösungscode:SB02VK1D005)

4. In einem gleichseitigen Tetraeder werden die Kanten durch drei Paare zueinander windschiefer Strecken gebildet. Sei der Punkt $A(-1, 2, 3)$ ein Eckpunkt eines solchen Tetraeders und sei der Abstand von je zwei windschiefen Kantenpaaren gleich $3\sqrt{5}$. Bestimmen Sie die Koordinaten von drei weiteren Punkten B,C,D so, dass sie zusammen mit A die Eckpunkte eines Tetraeders mit den angegebenen Eigenschaften bilden.

(Lösungscode:SB02VK1D006)

3. Lineare Abbildungen und Matrizen

Die Matrix
Die Matrix steht so ganz allein.
Sie möchte kombiniert wohl sein.
Die Matrix
Sie weint fast aus die Äuglein sich:
Wo bleibt nur der Matrizerich?
Die Matrix.
Sie weint wohl bis zum Morgenrot.
Am andern Tage ist sie tot. Die Matrix.

Hubert Cremer (1897-1983)

Matrizen, wie im Gedicht von Hubert Cremer, sind ein Spezialfall linearer Abbildungen. Um zu den Matrizen zu kommen, werden wir zuerst allgemein lineare Abbildungen auf einem $\mathbb{K}$-Vektorraum betrachten und dann zum Spezialfall eines endlich dimensionalen Vektorraums übergehen. Abbildungen zwischen endlich dimensionalen Vektorräumen besitzen dann in den *Matrizen* eine elegante Darstellung. Zuerst scheinen dabei Matrizen nur eine Darstellungsmöglichkeit von linearen Abbildungen zu bieten, doch werden wir sehen, dass man mit ihnen erneut eine algebraische Struktur definieren kann, deren Anwendungen in Naturwissenschaften, Technik und Wirtschaftswissenschaften, um nur die wesentlichen Anwendungsbereiche zu nennen, fast grenzenlos erscheinen. Die Darstellungen von linearen Abbildungen durch Matrizen spielen heute insbesondere im Forschungsgebiet der künstlichen Intelligenz eine zentrale Rolle.
Beginnen wir also zuerst mit den linearen Abbildungen. Nach allgemeinen Ergebnissen und Strukturen der linearen Abbildungen, begegnen wir

G. Schlüchtermann und N. Mahnke, *Basiswissen Ingenieurmathematik Band 2*,
https://doi.org/10.1007/978-3-658-38482-1_3

dort, wie angekündigt, bereits den Matrizen. Anschließend widmen wir uns den Matizen intensiver und geben einige Anwendungen an, wobei für uns die der linearen Gleichungssysteme am wichtigsten sind.

3.1 Lineare Abbildungen

Wir gehen von zwei $\mathbb{K}$-Vektorräumen $V \neq \{0\} \neq W$ aus. Dabei sei der Körper $\mathbb{K} \in \{\mathbb{R}, \mathbb{C}\}$ für V und W gleich gewählt.
V und W seien ungleich dem Nullvektorraum, um keine Sonderfälle (sog. Pathologien) betrachten zu müssen. Auf Basis dieser gegebenen Vektorräume V und W beginnen wir mit den Definitionen zu linearen Abbildungen:

Definition 3.1.1. *(lineare Abbildung)*
Eine Abbildung $T : V \longrightarrow W$ bezeichnen wir als **linear**, *wenn für $\vec{x}, \vec{y} \in V$ und $\alpha, \beta \in \mathbb{K}$ gilt*

$$T(\alpha\vec{x} + \beta\vec{y}) = \alpha T(\vec{x}) + \beta T(\vec{y})$$

und nennen diese einen **Homomorphismus** *von V nach W. Die Menge aller Homomorphismen bezeichnen wir mit $Hom(V, W)$.*

Bemerkung 3.1.1.
Eine direkte Folgerung aus der definierenden Eigenschaft einer linearen Abbildung $T : V \to W$ ist, dass durch die lineare Abbildung der Nullvektor in V immer auf den Nullvektor in W abgebildet wird:

$$T(\vec{0}) = \vec{0} \tag{3.1}$$

Wie kann man nun eine lineare Abbildung von V nach W definieren bzw. wie ist sie formal festzulegen?

Wenn man in V eine Basis $\mathcal{B} \subset V$ vorliegen hat, so kann man eindeutig jedes $\vec{v} \in V$ durch Vektoren aus der Basis, $\vec{y}_1, \ldots, \vec{y}_n \in \mathcal{B}$, linear kombinieren

$$\vec{v} = \alpha_1\vec{y}_1 + \ldots + \alpha_n\vec{y}_n \text{ mit } , \alpha_1, \ldots, \alpha_n \in \mathbb{K}$$

Wirkt also die lineare Abbildung $T \in \mathrm{Hom}(V, W)$ auf ein $\vec{v} \in V$, so erhält man

$$T(\vec{x}) = T\left(\sum_{i=1}^{n} \alpha_i\vec{y}_i\right) = \sum_{i=1}^{n} \alpha_i T(\vec{y}_i)$$

und es gilt der folgende Satz:

Satz 3.1.1.
Sei $\mathcal{B} \subset V$ eine Basis von V. Dann ist eine lineare Abbildung $T : V \to W$ eindeutig durch die Definition von T auf $\mathcal{B}$ festgelegt.

Wie bei allgemeinen Abbildungen können auch lineare Abbildungen injektiv, surjektiv oder bijektiv sein. Im Fall der linearen Abbildungen erhalten diese spezielle Bezeichnungen

Definitionen 3.1.2.
Man bezeichnet eine lineare Abbildung $T \in Hom(V, W)$ als

- *einen* **Monomorphimus**, *wenn sie injektiv ist.*
- *einen* **Epimorphismus**, *wenn sie surjektiv ist.*
- *einen* **Isomorphismus**, *wenn sie bijektiv ist.*

Bemerkungen 3.1.2.
Aus den vorangegangenen Definitionen ergeben sich für eine lineare Abbildung $T \in Hom(V, W)$ die folgenden Aussagen:

1. *Seien die Nullvektoren $\vec{0}_V \in V$ und $\vec{0}_W \in W$ gegeben. T ist genau dann ein Monomorphismus, wenn*
$$T(\vec{x}\,) = \vec{0}_W \;\; \Leftrightarrow \vec{x} = \vec{0}_V.$$
2. *T ist genau dann ein Epimorphismus, wenn $T(\mathcal{E})$ ein Erzeugendensystem von W für alle Erzeugendensysteme $\mathcal{E}$ von V ist.*
3. *T ist genau dann ein Isomorphismus, wenn $T(\mathcal{B}_V)$ eine Basis von W für alle Basen $\mathcal{B}_V$ von V ist.*

Die Beschäftigung mit linearen Abbildungen führte in Ihren Betrachtungen zu speziellen linearen Unterräumen der Vektorräume V und W, die wir jetzt definieren und erläutern.

Definition 3.1.3. *(Kern einer linearen Abbildung)*
Ist $T : V \longrightarrow W$ eine lineare Abbildung, so nennt man

$$Ker(T) = \{\vec{v} \in V;\; T(v) = \vec{0}\,\} \subseteq V \tag{3.2}$$

den **Kern** *der linearen Abbildung T.*

Was gilt nun für den Kern einer linearen Abbildung $T : V \longrightarrow W$?

Bemerkungen 3.1.3.

1. *Der Kern von T ist die Menge aller Vektoren $\vec{v} \in V$, die durch T auf den Nullvektor in W abgebildet werden.*

2. *Für den Kern von T existieren in der Literatur die folgenden alternativen Notationen*

$$Ke(T) = Ker(T) = Kern(T) = \mathfrak{K}(T)$$

Wir werden im Folgenden konsequent die Bezeichnung $Ker(T)$ verwenden.

3. *Der Kern, $Ker(T)$, ist ein linearer Unterraum von V.*

Nimmt man den Kern, $\operatorname{Ker}(T) \subseteq V$, aus V heraus und betrachtet den verbleibenden Rest, $V \setminus \operatorname{Ker}(T)$, so lässt sich aus dem Rest durch Hinzunahme des Nullvektors von V ein weiterer Unterraum von V erzeugen, der zum $\operatorname{Ker}(T)$ orthogonale Unterraum $\operatorname{Ker}(T)^\perp$. Wie wir aus der Proposition 2.2.4 wissen, gilt dann

$$\operatorname{Ker}(T) \oplus \operatorname{Ker}(T)^\perp = V$$

Da sich der Vektorraum V in $\operatorname{Ker}(T)$ und $\operatorname{Ker}(T)^\perp$ aufspalten lässt, folgt, dass die lineare Abbildung T tatsächlich nur auf $\operatorname{Ker}(T)^\perp$ festgelegt ist. Dass diesem so ist, wird deutlich, wenn man einen beliebigen Vektor $\vec{x} \in V$ als Summe von je einem Vektor aus dem Kern und einem aus dem zum Kern orthogonalen Unterraum darstellt.

$$\vec{x} = \vec{x}_1 + \vec{x}_2, \quad \vec{x}_1 \in \operatorname{Ker}(T),\ \vec{x}_2 \in \operatorname{Ker}(T)^\perp$$

Es folgt dann nämlich $T(\vec{x}\,) = T(\vec{x}_2)$, wegen

$$T(\vec{x}\,) = T(\vec{x}_1 + \vec{x}_2) = T(\vec{x}_1) + T(\vec{x}_2) = T(\vec{x}_2)$$

Wir wählen nun eine Basis $\mathcal{B}_1$ von $\operatorname{Ker}(T)$. Dann kann man diese bekanntlich nach Satz 2.2.8 zu einer auf ganz V fortsetzen.
D. h. findet man eine Basis $\mathcal{B}_2$ des orthogonalen Raums $\operatorname{Ker}(T)^\perp$, so ist $\mathcal{B}_1 \cup \mathcal{B}_2$ eine Basis von V.

Bemerkung 3.1.4.
Betrachtet man $T : Ker(T)^{\perp} \longrightarrow W$, dann ist T ein Monomorphismus. Denn sind $x_1, x_2 \in Ker(T)^{\perp}$ mit $T(\vec{x}_1) = T(\vec{x}_2)$, so folgt

$$T(\vec{x}_1 - \vec{x}_2) = \vec{0}_W$$

Also ist $(\vec{x}_1 - \vec{x}_2) \in Ker(T) \cap Ker(T)^{\perp}$ und damit gilt nach Definition des orthogonalen Raums $\vec{x}_1 - \vec{x}_2 = \vec{0}_V$, also $\vec{x}_1 = \vec{x}_2$.

Neben dem Kern betrachtet man bei $T \in \mathrm{Hom}(V, W)$ auch die Menge aller unter der linearen Abbildung T in W erreichten Bildelemente und definiert:

Definition 3.1.4. *(Bild einer linearen Abbildung)*
Ist $T : V \longrightarrow W$ eine lineare Abbildung, so nennt man

$$Im(T) = \{\vec{w} \in W; \exists \vec{v} \in V : \ \vec{w} = T(\vec{v})\} \subseteq W \tag{3.3}$$

das **Bild** *der linearen Abbildung T.*

Was gilt nun für das Bild einer linearen Abbildung $T : V \longrightarrow W$?

Bemerkungen 3.1.5.

1. *Das Bild (engl. „Image") von T ist die Menge aller Bildvektoren $\vec{w} \in W$, die durch T „erreicht" werden.*

2. *Für das Bild von T existieren in der Literatur die folgenden alternativen Notationen*

   $$Im(T) = Bi(T) = Bild(T) = \mathfrak{I}(T) = T(V)$$

   Wir werden im Folgenden konsequent die Bezeichnung $Im(T)$ verwenden.

3. *Ist V ein endlich dimensionaler Vektorraum, so ist das Bild, $Im(T)$, ein linearer Unterraum von W.*

Auch das Bild der linearen Abbildung $T \in \mathrm{Hom}(V, W)$ lässt sich analog zum Kern eingeschränkt betrachten.

Bemerkung 3.1.6.
Die (eingeschränkte) lineare Abbildung

$$T : Ker(T)^{\perp} \longrightarrow Im(T)$$

ist automatisch ein Isomorphismus.
(T ist in diesem Fall nach Definition injektiv und surjektiv, also bijektiv.)

Ist nun V ein endlich dimensionaler Vektorraum, so ist auch das Bild $\mathrm{Im}(T) = \{T(v) \in W; v \in V\}$ als Unterraum von W endlich dimensional. Dann kann man sofort eine Gleichung für den Zusammenhang zwischen den Dimensionen von Kern und Bild von T formulieren

Satz 3.1.2.
Seien V und W $\mathbb{K}$-Vektorräume mit $dim(V), dim(W) \in \mathbb{N}$ und sei weiterhin die lineare Abbildung $T \in Hom(V, W)$ gegeben. Dann gilt

$$dim\,(Ker(T)) + dim\,(Im(T)) = dim(V) \tag{3.4}$$

Die Dimensionsgleichung (3.4) spielt, wie wir noch sehen werden, eine wesentliche Rolle bei der Behandlung von linearen Gleichungen und zudem auch in der Geometrie linearer Abbildungen.

Nach der Betrachtung von Kern und Bild einer linearen Abbildung $T \in \mathrm{Hom}(V, W)$, soll jetzt die Struktur der linearen Abbildung selber genauer untersucht werden.
Hierfür betrachten wir die Abbildung $T \in \mathrm{Hom}(V, W)$ zwischen endlich dimensionalen Vektorräumen V und W.

Satz 3.1.3.
Seien V und W endlich dimensionale $\mathbb{K}$-Vektorräume, $\mathcal{B}_V$ eine Basis von V und $\mathcal{B}_W$ eine Basis von W. Eine lineare Abbildung $T \in Hom(V, W)$ ist durch die Festlegung $T(\vec{e}_i) \in W$ mit $\vec{e}_i \in \mathcal{B}_V$ eindeutig bestimmt.[1]

Aus Satz 3.1.3 folgt, dass wir für einen n-dimensionalen Vektorraum V ($n \in \mathbb{N}$) nur eine Basis $\mathcal{B}_V = \{\vec{e}_1, \ldots, \vec{e}_n\}$ von V auswählen müssen, um durch $T(\vec{e}_i) = \vec{w}_i$ die Abbildung $T \in \mathrm{Hom}(V, W)$ eindeutig festlegen zu können.
Für die eindeutige Formulierung der linearen Abbildung T wählt man für ein Element $\vec{v} \in V$ nach (2.2) mit Hilfe der Koordinaten v_i ($i = 1, \ldots, n$) die Schreibweise als Linearkombination der Basisvektoren $\vec{e}_1, \ldots, \vec{e}_n$

$$\vec{v} = \sum_{i=1}^{n} v_i \vec{e}_i \;\Rightarrow\; \vec{v} = (v_1, \ldots v_n)^T$$

Betrachtet man jetzt das Bild, $T(\vec{e}_i) \in W$, eines beliebigen Basisvektors $\vec{e}_i \in \mathcal{B}_V$, so lässt sich schreiben

$$T(e_i) = \sum_{j=1}^{m} w_{ji} \vec{d}_j$$

[1]Der Beweis von Satz 3.1.3 ist Teil der Übungsaufgaben.

mit einer Basis $\mathcal{B}_W = \{\vec{d_1}, \ldots, \vec{d_m}\}$ des m-dimensionalen Vektorraums W und den zugehörigen skalaren Koordinaten $w_{1i}, \ldots, w_{mi} \in \mathbb{K}$ für alle $i = 1, \ldots, n$.
Die lineare Abbildung des Vektors $\vec{v} \in V$ unter T lässt sich jetzt wie folgt darstellen:

$$T(\vec{v}) = \sum_{i=1}^{n} v_i T(\vec{e_i}) = \sum_{i=1}^{n} v_i \left(\sum_{j=1}^{m} w_{ji} \vec{d_j} \right) \tag{3.5}$$

Wenn die Basis $\mathcal{B}_W$ festgelegt ist, so schreibt man die Darstellung der Basisvektoren $\vec{e_i}$ unter der Abbildung T in Vektorschreibweise

$$T(\vec{v}) = \sum_{i=1}^{n} v_i \begin{pmatrix} w_{1i} \\ \vdots \\ w_{mi} \end{pmatrix} \tag{3.6}$$

Damit die Notation (3.6) auch noch ohne Summe darstellbar ist, führt man eine rechteckige Struktur ein, welche die Summendarstellung (3.5) vereinfacht:

$$T(\vec{v}) = \begin{pmatrix} w_{11} & \ldots & w_{1n} \\ w_{21} & \ldots & w_{2n} \\ \vdots & \ddots & \vdots \\ w_{m1} & \ldots & w_{mn} \end{pmatrix} \begin{pmatrix} v_1 \\ \vdots \\ v_n \end{pmatrix} \tag{3.7}$$

Die rechteckige Struktur in (3.7), welche sämtliche Koordinaten aller Bilder der $\vec{v_i}$ in W bezüglich der Basis $\vec{d_1}, \ldots, \vec{d_m}$ enthält, bezeichnet man formal als *Matrix*, eines der zentralen Objekte in der linearen Algebra. Bevor wir im Abschnitt 3.2 Matrizen im Einzelnen betrachten, beschließen wir diesen noch mit der Hintereinanderausführung einer speziellen linearen Abbildung.

Verkettung von linearen Abbildungen

Um die Verkettung (Hintereinanderausführung) von linearen Abbildungen zu untersuchen, beschränken wir uns vorerst auf den Sonderfall $V = W$ und definieren:

Definitionen 3.1.5. *(Endomorphismus, Automorphismus)*

1. *Wir nennen eine lineare Abbildung* $T : V \longrightarrow V$ *einen* **Endomorphismus** *oder kurz*
$$T \in End(V) = Hom(V, V)$$
2. *Ist* $T \in End(V)$ *bijektiv, so heißt* T **Automorphismus**, *kurz*
$$T \in Aut(V)$$

Sei folglich $T \in \mathrm{End}(V)$, so kann man die lineare Abbildung untersuchen, die entsteht, wenn man T mit sich selber verkettet $T^2 = T \circ T$.
Handelt es sich bei der linearen Abbildung T um einen Isomorphismus, so wird das Bild $\mathrm{Im}(T)$ die gleiche Dimension wie $\dim(V)$ besitzen.

Doch was geschieht z. B. bei der Verkettung T^2, wenn für T der Kern, $\mathrm{Ker}(T)$, eine positive Dimension, $r = \dim(\mathrm{Ker}(T)) > 0$, besitzt?
Gilt $n = \dim(V)$, so folgt
$$\dim(\mathrm{Im}(T)) = n - r < n$$
Die Dimension des Bildes von T fällt also kleiner aus als die Dimension von V.
Wenn jetzt auf $\mathrm{Im}(T) = T(V)$ die Abbildung T erneut angewandt wird, so kann die Dimension vom $(T \circ T)(V) = T(T(V))$ erneut kleiner ausfallen als $n - r$.
Speziell kann man jetzt bei endlich dimensionalem Vektorraum V fragen, ob es ein m gibt, so dass bei m-facher Verkettung von T mit sich selber,
$$T^m = \underbrace{T \circ \ldots \circ T}_{m-\mathrm{mal}}$$
die Nullabbildung entsteht, welche dann V auf $\vec{0}_V$ abbildet.
Wir definieren damit

Definition 3.1.6. *(Nilpotenz)*
Seien V *ein* $\mathbb{K}$*-Vektorraum und* $T : V \longrightarrow V$ *ein Endomorphismus. Man bezeichnet* T *als* **nilpotent**, *wenn es ein* $m > 1$ *gibt, so dass* T^m *die Nullabbildung ist.*

Um die Ideen der Reduktion der Dimension und der Nilpotenz und deren Bedeutungen besser untersuchen zu können, ist es jetzt sinnvoll, als nächstes die Matrizendarstellung von linearen Abbildungen zu betrachten.

3.1.1 Kurzaufgaben zum Verständnis

1. Man findet zu jeder linearen Abbildung $T : V \longrightarrow W$, zwischen den $\mathbb{K}$-Vektorräumen V und W immer einen $\mathbb{K}$-Vektorraum W_1, so dass $T : V \longrightarrow W_1$ ein Epimorphismus ist.

   □ wahr □ falsch

2. Sind $S : U \longrightarrow V$ und $T : V \longrightarrow W$ zwei Monomorphismen, so ist $T \circ S : U \longrightarrow W$ erneut ein Monomorphismus.

   □ wahr □ falsch

3. Sind V, W Vektorräume mit $\dim(V) = n$ und $\dim(W) = m$, so ist immer $\dim(\mathrm{Im}(T))$

   □ $= \max(n, m)$ □ $\geq n + m$ □ $\leq \min(n, m)$

4. Ein Homomorphismus $T : V \longrightarrow V$ ist genau dann ein Isomorphismus, wenn $\mathrm{Ker}(T) \cap \mathrm{Im}(T) = \{\vec{0}\}$

   □ wahr □ falsch

5. Sind B_V eine Basis von V und $S, T : V \longrightarrow W$ Homomorphismen. Gilt $S(\vec{v}) = T(\vec{v})$ für alle $\vec{v} \in B_V$, so folgt immer $S = T$

   □ wahr □ falsch

6. Ist $T : \mathbb{R}^2 \longrightarrow \mathbb{R}^2$ eine Achsenspiegelung, dann ist T^2

   □ die Nullabbildung

   □ $id_{\mathbb{R}^2}$

   □ eine Spiegelung um den Winkel π

3.1.2 Übungen

Lösungsvideos zu den Übungen können auf www.lsgn24h.de über die Eingabe des Lösungscodes abgerufen werden.

Kl A:

1. Gegeben ist die lineare Abbildung $T : \mathbb{R}^3 \to \mathbb{R}^3$ durch die folgende Matrix
$$\begin{pmatrix} 1 & 2 & 3 \\ 4 & 5 & 6 \\ -1 & 1 & -2 \end{pmatrix}$$
Berechnen Sie jeweils das Bild $T(\vec{v})$ der folgenden Vektoren
   (a) $\vec{v}_1 = (1,\ 0,\ 1)^T$
   (b) $\vec{v}_2 = (0,\ 0,\ 1)^T$
   (c) $\vec{v}_3 = (0,\ 2,\ 0)^T$

(Lösungscode:SB02LA0A001)

2. Welche der folgenden Abbildungen ist linear:
   (a) $\varphi_1 : \mathbb{R}^2 \longrightarrow \mathbb{R}^2$ mit
$$\begin{pmatrix} a_1 \\ a_2 \end{pmatrix} \longmapsto \begin{pmatrix} a_2 - 1 \\ 2 - a_1 \end{pmatrix}$$
(Lösungscode: SB02LA0A002)

   (b) $\varphi_2 : \mathbb{R}^2 \longrightarrow \mathbb{R}^3$ mit
$$\begin{pmatrix} a_1 \\ a_2 \end{pmatrix} \longmapsto \begin{pmatrix} 13a_2 \\ 11a_1 \\ -2a_1 - 4a_2 \end{pmatrix}$$
(Lösungscode: SB02LA0A003)

3. Entscheiden Sie, ob die folgende Abbildung $\varphi_3 : \mathbb{R}^2 \longrightarrow \mathbb{R}^3$ linear ist. Dabei ist φ_3 gegeben durch

$$(a_1, a_2)^T \longmapsto \left(a_1, -a_1^2 a_2, a_2 - a_1\right)^T$$

(Lösungscode: SB02LA0A004)

4. Für welche $\vec{b} \in \mathbb{R}^4$ ist die folgende Abbildung linear

$$\varphi : \mathbb{R}^4 \longrightarrow \mathbb{R}^4,\ \vec{a} \longmapsto \vec{a} + \vec{b}?$$

(Lösungscode: SB02LA0A005)

Kl B:

1. Beweisen Sie Satz 3.1.3.

(Lösungscode:SB02LA0B001)

2. V und W seien $\mathbb{R}$-Vektorräume und $T \in \text{Hom}(V, W)$. Beweisen Sie die folgenden Aussagen:

   (a) Seien die Nullvektoren $\vec{0}_V \in V$ und $\vec{0}_W \in W$ der $\mathbb{R}$-Vektorräume V und W gegeben. T ist genau dann ein Monomorphismus, wenn

$$T(\vec{x}\,) = \vec{0}_W \;\Leftrightarrow \vec{x} = \vec{0}_V.$$

   (Lösungscode:SB02LA0B002)

   (b) T ist genau dann ein Epimorphismus, wenn $T(\mathcal{E})$ für alle Erzeugendensysteme $\mathcal{E}$ von V ein Erzeugendensystem von W ist.

   (Lösungscode:SB02LA0B003)

   (c) T ist genau dann ein Isomorphismus, wenn $T(\mathcal{B}_V)$ eine Basis von W ist, für alle Basen $\mathcal{B}_V$ von V.

   (Lösungscode:SB02LA0B004)

3. Seien V, W Vektoräume und $f : V \longrightarrow W$ eine lineare Abbildung. Weiter seien $U \subset V$ und $X \subset W$ Unterräume. Zeigen Sie:

   (a) $f^{-1}(f(U)) = U + \mathrm{Ker}(f)$.

   (Lösungscode:SB02LA0B005)

   (b) $f(f^{-1}(X)) - X \cap \mathrm{Im}(f)$.

   (Lösungscode:SB02LA0B006)

4. Sei $V = \mathbb{C}$ der $\mathbb{C}$-Vektorraum der komplexen Zahlen. Entscheiden Sie mit Begründung, ob die folgende Abbildung linear ist.

$$K : V \longrightarrow V,\ K(z) = \overline{z} \in V$$

(Lösungscode:SB02LA0B007)

Kl C:

1. Gegeben seien

$$(a_n)_{n\in\mathbb{N}} \in \ell_1 = \left\{ (x_n)_{n\in\mathbb{N}};\ \sum_{n=1}^{\infty} |x_n| < \infty \right\}$$

und der Vektorraum $c_0 = \{(x_n)_{n\in\mathbb{N}};\ x_n \in \mathbb{R},\ \lim_{n\to\infty} x_n = 0\}$ der reellen Nullfolgen.
Dann definiere man $T : c_0 \longrightarrow \mathbb{R},\ c_0 \ni \vec{b} = (b_n)_{n\in\mathbb{N}} \longmapsto \sum_{n=1}^{\infty} a_n b_n$.
Zeigen Sie: T ist ein Homomorphismus und

$$|T(\vec{b})| \leq \left(\sup_{n\in\mathbb{N}} |b_n| \right) \left(\sum_{n=1}^{\infty} |a_n| \right)$$

(Lösungscode:SB02LA0C001)

2. Seien V, W, X $\mathbb{K}$-Vektorräume. Weiter seien , $f : V \longrightarrow W$, $g : W \longrightarrow X$ und $h : V \longrightarrow X$ lineare Abbildungen mit $h = g \circ f$. Zeigen Sie:

   (a) Ist h ein Epimorphismus, so gilt $\mathrm{Im}(f) + \mathrm{Ker}(g) = W$.

   (Lösungscode:SB02LA0C002)

   (b) Ist h ein Monomorphismus, so gilt $\mathrm{Im}(f) \cap \mathrm{Ker}(g) = \{\vec{0}_W\}$

   (Lösungscode:SB02LA0C003)

   (c) Ist h ein Isomorphismus, so gilt $\mathrm{Im}(f) \oplus \mathrm{Ker}(g) = W$.

   (Lösungscode:SB02LA0C004)

3. Sei $T : \mathbb{R}^n \longrightarrow \mathbb{R}^n$ mit $T(\vec{e}_j) = \sum_{i=1}^{j} \vec{e}_i$ $(j = 1, \ldots, n)$. Ist T eine lineare Abbildung? Wenn ja, so stellen Sie sie wie in (3.6) dar.

(Lösungscode:SB02LA0C005)

4. Gegeben seien die Menge der reellen quadratisch summierbaren Folgen
$$\ell_2 = \left\{ (x_n)_{n\in\mathbb{N}};\ \sum_{n=1}^{\infty} x_n^2 < \infty \right\}$$
und $T : \ell_2 \longrightarrow \ell_2$, definiert durch $T(\vec{e}_i) = \vec{e}_{i+1}$, für $i \in \mathbb{N}$. Dabei sind $\vec{e}_i \in \mathbb{R}^n$ $i = 1, \ldots, n$ die kanonischen Einheitsvektoren.

   (a) Zeigen Sie, dass T ein Monomorphismus ist.

   (Lösungscode:SB02LA0C006)

   (b) Überprüfen Sie, ob T auch ein Isomorphismus ist.

   (Lösungscode:SB02LA0C007)

Kl D:

1. Sei $\mathbb{R}^n$ versehen mit dem kanonischen Skalarprodukt $\langle \cdot, \cdot \rangle$ und der Norm $\|\vec{x}\| = \sqrt{\langle \vec{x}, \vec{x} \rangle}$.
Zeigen Sie:
Ist $T : \mathbb{R}^n \longrightarrow \mathbb{R}^n$ mit $T(\vec{0}) = \vec{0}$ und $\|T(\vec{x}) - T(\vec{y})\| = \|\vec{x} - \vec{y}\|$, für alle $\vec{x}, \vec{y} \in \mathbb{R}^n$, so ist T ein Homomorphismus.
Gilt diese Aussage auch für $\mathbb{C}$-Vektorräume?

(Lösungscode:SB02LA0D001)

2. Seien V ein $\mathbb{R}$-Vektorraum, $\dim(V) \in \mathbb{N}$ und $f \in \mathrm{End}(V)$.
Es existiere ein $k \in \mathbb{N}$, mit $f^k = 0$ und sei $m = \dim(\mathrm{Im}(f))$.
Zeigen Sie, dass $f^{m+1} = 0$.

(Hinweis: Zeigen Sie, dass $\mathrm{Im}(f) \subsetneq V$ gilt und anschließend mit vollständiger Induktion: $\mathrm{Im}(f^{j+1}) \subsetneq \mathrm{Im}(f^j)$.)

(Lösungscode:SB02LA0D002)

3. Gegeben seien ein $\mathbb{K}$-Vektorraum W der Dimension m. Weiter seien n Vektoren $\vec{a}^{(1)}\ldots,\vec{a}^{(n)}\in\mathbb{K}^m$ und $B_W=\{\vec{w}_1\ldots,\vec{w}_m\}$ eine Basis von W. Zeigen Sie:

   (a) Sind für $n\leq m$ die Vektoren $\vec{a}^{(1)}\ldots,\vec{a}^{(n)}$ linear unabhängig, so bildet die Abbildung

   $$T(\vec{a}^{(j)})=\sum_{i=1}^{m}a_{ij}\vec{w}_i$$

   einen Monomorphismus, der $\mathrm{span}(\vec{a}^{(1)}\ldots,\vec{a}^{(n)})$ nach W abbildet.

   (Lösungscode:SB02LA0D003)

   (b) Sind nun die Vektoren $\vec{a}^{(1)}\ldots,\vec{a}^{(n)}$ beliebig in $\mathbb{K}^n$ und man bildet T wie in (a).
   Zeigen Sie, dass für $\mathcal{S}=\mathrm{span}\left(\vec{a}^{(1)}\ldots,\vec{a}^{(n)}\right)$ gilt

   $$\dim(\mathcal{S})=\min\{m,\dim(T(\mathcal{S}))\}$$

   (Lösungscode:SB02LA0D004)

4.

   (a) Geben Sie eine Abbildung $f:\mathbb{R}^2\longrightarrow\mathbb{R}^2$ an, die

   $$f(\vec{x}+\vec{y})=f(\vec{x})+f(\vec{y}) \tag{3.8}$$

   aber nicht

   $$f(\lambda\vec{x})=\lambda f(\vec{x}),\ \lambda\in\mathbb{R} \tag{3.9}$$

   erfüllt.

   (Lösungscode:SB02LA0D005)

   (b) Geben Sie eine Abbildung $f:\mathbb{R}^2\longrightarrow\mathbb{R}^2$ an, die (3.9), aber nicht (3.8) erfüllt.

   (Lösungscode:SB02LA0D006)

3.2 Matrizen

Matrizen sind für die Beschreibung vieler Objekte und Zusammenhänge in der Mathematik, Physik, Technik und Wirtschaft von großer Bedeutung. Alle Aussagen treffen wir für Matrizen mit reellen Koeffizienten. Die behandelten Konzepte können aber leicht auf Matrizen mit z. B. komplexen Koeffizienten übertragen werden.
Auch wenn ihre Struktur relativ klar und einfach aussieht, so kann das Rechnen mit Matrizen sehr mühsam werden und verlangt oft trickreiche und kombinatorische Betrachtungen. Wir geben in diesem Kapitel nur eine kurze Einführung in die wesentlichen Merkmale des Rechnens mit Matrizen. Darunter fällt die vielleicht wichtigste Erkenntnis: Anders als bei den Zahlen gilt bezüglich der Multiplikation von Matrizen nicht das Kommutativgesetz.

Definitionen 3.2.1.

1. *Als eine* **Matrix** *bezeichnet man ein rechteckiges Anordnungsschema mit m-Zeilen und n-Spalten* $(m, n \in \mathbb{N})$ *für Zahlen, Größen oder allg. Terme.*

2. *Die Einträge in Matrizen werden die* **Komponenten** *oder* **Koeffizienten** *der Matrix genannt.*

3. *Für die Menge aller Matrizen mit m-Zeilen und n-Spalten und reellen Zahlen als Komponenten schreibt man auch kurz*

$$M(m \times n, \mathbb{R})$$

Gelesen wird dies „Die Menge aller m kreuz n Matrizen über $\mathbb{R}$*"*

4. *Eine Matrix* $\mathcal{A} \in M(m \times n, \mathbb{R})$ *kann wie folgt notiert werden*

$$\mathcal{A} = \begin{pmatrix} a_{11} & \cdots & a_{1n} \\ \vdots & & \vdots \\ a_{m1} & \cdots & a_{mn} \end{pmatrix} = (a_{ij})_{m,n}$$

Dabei bezeichnet $a_{ij} \in \mathbb{R}$ *eine Komponente,* $i \in \{1, \ldots, m\}$ *deren* **Zeilenindex** *und* $j \in \{1, \ldots, n\}$ *ihren* **Spaltenindex**.[2]

[2] Der Index ij bezeichnet damit die Zeilen- und Spaltenzuordnung der jeweiligen Komponente.

Neben den grundlegenden Definitionen zu Matrizen schließen sich noch einige wesentliche Bemerkungen an.

Bemerkungen 3.2.1.

1. *Das erste und zugleich wichtigste Unterscheidungsmerkmal für Matrizen sind deren Zeilen- und Spaltenzahlen.*

2. *Wenn davon die Rede ist, dass eine Matrix „A vom* **Typ** *$m \times n$" sei, bedeutet dies $\mathcal{A} \in M(m \times n, \mathbb{R})$, wobei vorausgesetzt wurde, dass die Komponenten der Matrix A auf Elemente aus $\mathbb{R}$ festgelegt war.*

3. *Die Komponenten einer Matrix können, wie schon erwähnt, auch aus anderen Mengen als $\mathbb{R}$ gewählt werden, auf denen eine Addition und Multiplikation (allgemein eine Ringstruktur) erklärt sind, wie z. B. in*
$$M(m \times n, \mathbb{C}) \text{ oder } M(m \times n, \mathbb{P}(x))$$

4. *Die Menge $M(1 \times 1, \mathbb{R})$ ist identifizierbar mit den reellen Zahlen und zeigt, dass die Menge aller Matrizen eine Erweiterung der reellen Zahlen darstellt. Wie wir später sehen werden, lassen sich elementare Rechenoperationen auf der Menge der Matrizen so definieren, dass sie nicht im Widerspruch zu den elementaren Rechenoperationen auf $\mathbb{R}$ stehen.*

5. *Will man Matrizen vergleichen, so wird festgelegt, dass zwei Matrizen $\mathcal{A} = (a_{ij})_{m,n}$ und $\mathcal{B} = (b_{ij})_{k,l}$ nur dann gleich sind, wenn sie von gleichem Typ sind ($m = k, n = l$) und $a_{ij} = b_{ij}$ gilt für alle $i = 1, \ldots, m$ und $j = 1, \ldots, n$. Man sagt dann auch, dass die Matrizen $\mathcal{A}$ und $\mathcal{B}$* **komponentengleich** *sind.*

Neben der Kategorisierung von Matrizen nach ihrem Typ existieren weitere relevante Bezeichnungen, die zu den Standardvokabeln für den Umgang mit Matrizen gehören.

Definitionen 3.2.2. *(Begriffe zu Matrizen)*

1. *Ist* $m = 1$, *so bezeichnet man eine Matrix* $\mathcal{Z} \in M(1 \times n, \mathbb{R})$ *als* **Zeilenvektor** *(im* $\mathbb{R}^n$*).*

2. *Ist* $n = 1$, *so bezeichnet man eine Matrix* $\mathcal{S} \in M(m \times 1, \mathbb{R})$ *als* **Spaltenvektor** *(im* $\mathbb{R}^m$*).*

3. *Eine Matrix* $\mathcal{N} = (n_{ij})_{m,n}$ *wird* **Nullmatrix** *genannt, falls* $n_{ij} = 0$ *für alle* $i = 1, \ldots, m$ *und* $j = 1, \ldots, n$ *gilt.*

4. *Für* $m = n$, *nennt man eine Matrix* $\mathcal{A} \in M(n \times n, \mathbb{R})$ **quadratisch**. *Die Komponenten* a_{ii} *für* $i = 1, \ldots, n$ *bilden die sogenannte* **Hauptdiagonale** *der Matrix* $\mathcal{A}$.

Zu jeder Matrix $\mathcal{A}$ existiert in der Menge aller Matrizen automatisch eine zweite Matrix $\mathcal{A}^T$, die sogenannte Transponierte, welche zu $\mathcal{A}$ in folgender Beziehung steht:

Definition 3.2.3. *(Transponierte Matrix)*
Sei $\mathcal{A} \in M(m \times n, \mathbb{K})$ [3], *mit* $\mathcal{A} = (a_{ij})_{m,n}$. *Eine Matrix* $\mathcal{C} = (c_{ji})_{n,m}$, *mit* $c_{ji} = a_{ij}$ *für* $j = 1, \ldots, n$ *und* $i = 1, \ldots, m$, *wird die zu* $\mathcal{A}$ **transponierte Matrix** *genannt und man schreibt* $\mathcal{A}^T := \mathcal{C}$.

Beispiel 3.2.1. *(Zur Transponierten einer Matrix)*
Sei

$$\mathcal{A} = \begin{pmatrix} 2 & -5 & 6 & 8 \\ 3 & 9 & 7 & 2 \end{pmatrix} \in M(2 \times 4, \mathbb{R})$$

$$\Rightarrow \mathcal{A}^T = \begin{pmatrix} 2 & 3 \\ -5 & 9 \\ 6 & 7 \\ 8 & 2 \end{pmatrix} \in M(4 \times 2, \mathbb{R})$$

Bemerkungen 3.2.2.

1. *Das Erstellen der Transponierten einer Matrix* $\mathcal{A}$ *wird „das Transponieren der Matrix* $\mathcal{A}$*" genannt und stellt eine erste Rechenoperation auf der Menge der Matrizen dar.*

2. *Die zu* $\mathcal{A}$ *transponierte Matrix* $\mathcal{A}^T$ *wird auch als „die* **Transposition** *von* A*" bezeichnet.*

[3] Wie in anderen Definitionen auch, gilt allgemein $\mathbb{K} \in \{\mathbb{R}, \mathbb{C}\}$.

3. *Wie im Beispiel 3.2.1 gut zu erkennen ist, ändern beim Transponieren nicht alle Komponenten der Matrix $\mathcal{A}$ ihre Position. Die Komponenten a_{ij}, mit $i = j$, behalten ihre Position im Anordnungsschema der transponierten Matrix bei (im Beispiel 3.2.1 sind dies a_{11} und a_{22}). Damit entspricht das Transponieren einer Matrix der Spiegelung der Komponenteneinträge an der „Spiegelachse", welche durch die Komponenten a_{ij}, mit $i = j$, festgelegt ist. Zeilen werden beim Transponieren entsprechend zu Spalten und umgekehrt.*

Wir wollen mit Matrizen rechnen. Dazu führen wir, analog zu den Rechenoperationen von Vektoren (siehe Definitionen 2.1.4 und 2.1.5), nacheinander eine Addition und eine skalare Multiplikation ein, mit denen die Menge der $m \times n$-Matrizen zu einem *Vektorraum* wird.
Für die zu definierenden Rechenoperationen nutzen wir aus, dass sie durch Rechenoperationen zwischen den Koeffizienten von Matrizen definiert werden. Hierfür verwenden wir die formale, auf die Komponenten einer Matrix reduzierte Darstellung:

$$\mathcal{A} \in M(m \times n, \mathbb{R}) \quad \Rightarrow \quad \mathcal{A} = (a_{ij})_{m,n}$$

Definition 3.2.4. *(Matrizenaddition, skalare Multiplikation)*
Seien $\mathcal{A}$ und $\mathcal{B}$ $m \times n$-Matrizen, $\lambda \in \mathbb{R}$.

1. *(**Matrizenaddition**)*
   Setzt man für $i = 1, \ldots, m$ und $j = 1, \ldots, n$

   $$c_{ij} = a_{ij} + b_{ij}$$

   *so nennt man die Matrix $\mathcal{C} = (c_{ij})_{m,n}$ die **Summenmatrix** von $\mathcal{A}$ und $\mathcal{B}$, in Zeichen*

   $$\mathcal{C} = \mathcal{A} + \mathcal{B}$$

2. *(**skalare Multiplikation**)*
   Setzt man für $i = 1, \ldots, m$ und $j = 1, \ldots, n$ und $\lambda \in \mathbb{R}$,

   $$\alpha_{ij} = \lambda \cdot a_{ij}$$

   *so nennt man die Matrix $\mathcal{D} = (\alpha_{ij})_{m,n}$ das **λ-fache** von $\mathcal{A}$, in Zeichen*

   $$\mathcal{D} = \lambda \cdot \mathcal{A}$$

Sowohl die Matrizenaddition als auch die skalare Multiplikation erfolgen komponentenweise.

Die Rechengesetze für beide Rechenoperationen sind im folgenden Satz zusammengefasst:

Satz 3.2.1.
Für alle $\mathcal{A}, \mathcal{B}, \mathcal{C} \in M(m \times n; \mathbb{R}) = \mathcal{M}$ *und* $\lambda, \mu \in \mathbb{R}$ *gilt:*

1. $\mathcal{A} + (\mathcal{B} + \mathcal{C}) = (\mathcal{A} + \mathcal{B}) + \mathcal{C}$ *(Assoziativgesetz)*
2. $\mathcal{A} + \mathcal{B} = \mathcal{B} + \mathcal{A}$ *(Kommutativgesetz)*
3. $\exists\, \mathcal{N} \in M(m \times n; \mathbb{R}) \;:\; \mathcal{A} + \mathcal{N} = \mathcal{A}$
   N *ist die* **Nullmatrix**. *(Neutrales Element der Addition)*
4. $\forall\, \mathcal{A} \in \mathcal{M}\; \exists\, \tilde{\mathcal{A}} \in \mathcal{M} : \mathcal{A} + \tilde{\mathcal{A}} = \mathcal{N}$
   $\tilde{\mathcal{A}} = (\tilde{a}_{ij})_{m,n}$ *wird gemäß* $\tilde{a}_{ij} = -a_{ij}$ *gebildet.*
   Man nennt $\tilde{\mathcal{A}}$ *die* **Gegenmatrix zu** $\mathcal{A}$.

   (Inverses Element der Addition)
5. $(\lambda \cdot \mu) \cdot \mathcal{A} = \lambda \cdot (\mu \cdot \mathcal{A})$
6. $(\lambda + \mu) \cdot \mathcal{A} = \lambda \cdot \mathcal{A} + \mu \cdot \mathcal{A}$
7. $\lambda \cdot (\mathcal{A} + \mathcal{B}) = \lambda \cdot \mathcal{A} + \lambda \cdot \mathcal{B}$
8. $1 \cdot \mathcal{A} = \mathcal{A}$

Bemerkungen 3.2.3.

1. *Die obigen Rechengesetze 1.-8. legen damit die Menge* $M(m \times n, \mathbb{R})$ *als einen reellen Vektorraum fest, wie es z. B. der* $\mathbb{R}^n$, *die Menge der Polynome oder die Menge der stetigen Funktionen sind.*
2. *Insbesondere im Rechengesetz 5. fällt auf, dass der Multiplikationspunkt sowohl für die Multiplikation zwischen Zahlen, als auch für die skalare Multiplikation verwendet wird. Dies führt üblicher Weise im praktischen Rechnen zu keinen Problemen, solange die Eigenschaften der in der Multiplikation auftretenden Faktoren bekannt sind.*

Auf der Menge der Matrizen lässt sich, wie bereits erwähnt, neben der skalaren Multiplikation auch eine Multiplikation zwischen Matrizen definieren.
Diese kann bei rein formaler Einführung etwas künstlich wirken, doch ist sie genau die richtige, um später eine Hintereinanderausführung verschiedener linearer Abbildungen im $\mathbb{R}^n$ zu beschreiben.

Um der „Künstlichkeit“ der Matrizenmultiplikation vorzubeugen, motivieren wir sie mit dem folgenden Beispiel aus der Produktionstheorie:

Beispiel 3.2.2.
Angenommen, Sie benötigen zum Backen von Lebkuchenherzen (LKH), Zitronenkuchen (ZK) und einer Portion Muffins (M) die folgenden Zutaten:

Zutat (Menge in [g/ME])	*LKH*	*ZK*	*M*
Butter	*0*	*250*	*250*
Mehl	*30*	*400*	*250*
Zucker	*100*	*200*	*150*
sonstige Zutaten	*450*	*150*	*50*

(ME: Mengeneinheit)

Nun wollen Sie das Gebäck wie folgt für drei Feste, eine Weihnachtsfeier (WF), eine Sommerparty (SP) und eine Geburtstagsfeier (GF), produzieren:

Gebäck [ME/Feier]	*WF*	*SP*	*GF*
LKH	*2000*	*20*	*18*
ZK	*20*	*400*	*3*
M	*1000*	*1000*	*20*

Wir wollen einmal fragen, wie viel Butter für die Gesamtmenge an Gebäck für eine Sommerparty einzukaufen wäre. Die Berechnung der Buttermenge ist in diesem Fall offensichtlich:

Einkauf: Butter für die Sommerparty:

$$0\frac{g}{Stck} \cdot 20Stck + 250\frac{g}{Stck} \cdot 400Stck + 250\frac{g}{Stck} \cdot 1000Stck = 350kg$$

Diese intuitive Aufstellung der Berechnung der Buttermenge entspricht dabei gerade dem Skalarprodukt zwischen dem ersten Zeilenvektor der Tabelle Zutaten pro Gebäck und dem zweiten Spaltenvektor der Tabelle Gebäckmengen pro Feier.
Verwendet man diese beispielhafte Berechnung des Butterbedarfs für die Berechnung aller Zutatenmengen pro Fest, so ergibt sich eine Tabelle für den Gesamtbedarf an Zutaten für alle drei Feste:

Gesamtbedarf [kg/Feier]	*WF*	*SP*	*GF*
Butter	*255*	*350*	*5,75*
Mehl	*318*	*410,6*	*6,74*
Zucker	*354*	*232*	*5,40*
sonstige Zutaten	*953*	*119*	*9,55*

Mathematisch betrachtet haben wir hier gerade zwei Matrizen miteinander multipliziert, um die Tabelle des Gesamtbedarfs zu erstellen. Wie gleich noch genauer definiert werden wird, ließe sich die Berechnung in diesem Beispiel mathematisch formal (ohne Einheiten) auch wie folgt notieren:

$$\begin{pmatrix} 0 & 250 & 250 \\ 30 & 400 & 250 \\ 100 & 200 & 150 \\ 450 & 150 & 50 \end{pmatrix} \cdot \begin{pmatrix} 2000 & 20 & 18 \\ 20 & 400 & 3 \\ 1000 & 1000 & 20 \end{pmatrix}$$

$$= \begin{pmatrix} 255 \cdot 10^3 & 350 \cdot 10^3 & 5,75 \cdot 10^3 \\ 318 \cdot 10^3 & 410,6 \cdot 10^3 & 6,74 \cdot 10^3 \\ 354 \cdot 10^3 & 232 \cdot 10^3 & 5,40 \cdot 10^3 \\ 953 \cdot 10^3 & 119 \cdot 10^3 & 9,55 \cdot 10^3 \end{pmatrix}$$

Damit verallgemeinern wir das im Beispiel gezeigte intuitive Vorgehen bei der Multiplikation von Matrizen.

Definition 3.2.5. *(Produktmatrix)*
Seien $\mathcal{A} \in M(m \times n, \mathbb{R})$ und $\mathcal{B} \in M(n \times k, \mathbb{R})$. Diejenige $m \times k$-Matrix $\mathcal{C} = (c_{ij})_{m,k}$ deren Einträge sich gemäß

$$c_{ij} = \sum_{l=1}^{n} a_{il} b_{lj}$$

ergeben, heißt **Produktmatrix von $\mathcal{A}$ und $\mathcal{B}$** *und man schreibt*

$$\mathcal{C} = \mathcal{A} \cdot \mathcal{B}$$

Bemerkung 3.2.4.
Die aus $\mathcal{A} \in M(m \times n, \mathbb{R})$ und $\mathcal{B} \in M(n \times k, \mathbb{R})$ entstehende Produktmatrix $\mathcal{A} \cdot \mathcal{B}$ erbt die Zeilenzahl von $\mathcal{A}$ und die Spaltenzahl von $\mathcal{B}$: $\mathcal{C} \in M(m \times k, \mathbb{R})$

Beispiel 3.2.3.

$$\mathcal{A} = \begin{pmatrix} 1 & 3 \\ 0 & 4 \\ -2 & 5 \end{pmatrix} \text{ und } \mathcal{B} = \begin{pmatrix} 3 & 1 \\ 0 & 2 \end{pmatrix}$$

Dann gilt für $C = A \cdot B$

$$\mathcal{C} = \begin{pmatrix} 3 & 7 \\ 0 & 8 \\ -6 & 8 \end{pmatrix}$$

Bemerkungen 3.2.5.

1. *Die Komponente c_{ij} der Produktmatrix erhält man, in dem man das Skalarprodukt aus dem Vektor der i-te Zeile von $\mathcal{A}$ mit der j-ten Spalte von $\mathcal{B}$ bildet (siehe Def. 2.3.5).*

2. *Da das Skalarprodukt zwischen zwei Vektoren voraussetzt, dass beide Vektoren dieselbe Anzahl an Komponenten besitzen, muss für das Matrizenprodukt $\mathcal{A} \cdot \mathcal{B}$ die Anzahl der Spalten der Matrix $\mathcal{A}$ gleich der Anzahl der Zeilen der Matrix $\mathcal{B}$ sein.*
   Im Beispiel 3.2.3 sieht man, dass wohl das Produkt $\mathcal{A} \cdot \mathcal{B}$ definiert ist, jedoch das Produkt $\mathcal{B} \cdot \mathcal{A}$ nicht gebildet werden kann.

3. *Im Fall $\mathcal{A} \in M(m \times n, \mathbb{R})$ und $\mathcal{B} \in M(n \times m, \mathbb{R})$ oder im Fall $\mathcal{A}, \mathcal{B} \in M(n \times n, \mathbb{R})$ kann man sowohl $\mathcal{A} \cdot \mathcal{B}$ als auch $\mathcal{B} \cdot \mathcal{A}$ bilden.*

Um zu untersuchen, welche Auswirkungen ein Vertauschen (Kommutieren) innerhalb einer Matrizenmultiplikation haben kann, betrachten wir das folgende Beispiel, wo ein Vertauschen möglich ist.

Beispiel 3.2.4.
Wir betrachten $\mathcal{A}, \mathcal{B} \in M(2 \times 2, \mathbb{R})$ und die zugehörige Nullmatrix N, mit

$$\mathcal{A} = \begin{pmatrix} 1 & 0 \\ 0 & 0 \end{pmatrix}, \mathcal{B} = \begin{pmatrix} 0 & 1 \\ 0 & 0 \end{pmatrix} \text{ und } \mathcal{N} = \begin{pmatrix} 0 & 0 \\ 0 & 0 \end{pmatrix}$$

Dann gilt $\mathcal{A} \neq \mathcal{N} \neq \mathcal{B}$ und man errechnet

$$\mathcal{A} \cdot \mathcal{B} = \begin{pmatrix} 0 & 1 \\ 0 & 0 \end{pmatrix} \text{ und } \mathcal{B} \cdot \mathcal{A} = \begin{pmatrix} 0 & 0 \\ 0 & 0 \end{pmatrix}$$

Offensichtlich folgt aus Beispiel 3.2.4 $\mathcal{A} \cdot \mathcal{B} \neq \mathcal{B} \cdot \mathcal{A}$ und $\mathcal{B} \cdot \mathcal{A} = \mathcal{N}$, woraus folgt:

Bemerkungen 3.2.6.

1. *Die Matrizenmultiplikation ist* **nicht kommutativ**.

2. *Das Produkt aus zwei Matrizen, beide ungleich der Nullmatrix, kann gleich der Nullmatrix sein. Dieses ist anders als bei einem Produkt zwischen reellen Zahlen, wo ja bekanntlich gilt* $a, b \in \mathbb{R} \Rightarrow a \cdot b = 0 \Leftrightarrow a = 0 \vee b = 0$

Von allen Typen von Matrizen nehmen die $n \times n$-Matrizen, die quadratischen Matrizen, in vielen Bereichen der Anwendungen der Mathematik eine besondere Rolle ein, so zum Beispiel in der Mechanik bei Trägheitstensoren und in den Wirtschaftswissenschaften beim Leontief-Modell. Auch in der Menge der quadratischen Matrizen gibt es Strukturen, deren Eigenschaften und Bezeichnungen wir an dieser Stelle noch definieren, bevor wir uns mit weiteren Rechenoperationen für Matrizen und Anwendungen beschäftigen werden.

Definitionen 3.2.6. *(Strukturen quadratischer Matrizen)*
Sei $\mathcal{A} \in M(n \times n, \mathbb{R})$.

1. $\mathcal{A}$ *heißt* **symmetrisch** $\Leftrightarrow \ \mathcal{A} = \mathcal{A}^T$

2. $\mathcal{A}$ *heißt* **schiefsymmetrisch** $\Leftrightarrow \ \mathcal{A} = -\mathcal{A}^T$

3. $\mathcal{A}$ *heißt* **obere (bzw. untere) Dreiecksmatrix** $\Leftrightarrow a_{ij} = 0$ *für alle* $i > j$ *(bzw.* $i < j$*)*

4. $\mathcal{A}$ *heißt* **Diagonalmatrix** $\Leftrightarrow a_{ij} = 0$ *für* $i \neq j$

Unter den quadratischen Matrizen sind insbesondere die sogenannten *Einheitsmatrizen* ausgezeichnet, da sie die Rolle von „Einselementen“ innerhalb der Matrizenmultiplikation einnehmen.

Definition 3.2.7. *(die Einheitsmatrizen)*
Eine Matrix $\mathcal{E}_n \in M(n \times n, \mathbb{R})$, *mit* $\mathcal{E}_n = (e_{ij})_{n,n}$ *und*

$$e_{ij} = \begin{cases} 1 & \textit{falls } i = j \\ 0 & \textit{sonst.} \end{cases}$$

wird **Einheitsmatrix** *genannt.*

Die Matrix $\mathcal{E}_n$ ist das neutrale Element bezüglich der Matrizenmultiplikation, d. h. es gilt für alle $\mathcal{A} \in M(n \times n, \mathbb{R})$:

$$\mathcal{A} \cdot \mathcal{E}_n = \mathcal{E}_n \cdot \mathcal{A} = \mathcal{A}$$

Bemerkungen 3.2.7.

1. *Die Einheitsmatrizen* $\mathcal{E}_n$ *besitzen Einsen auf der Hauptdiagonalen und sonst Nullen, z. B.*

$$\mathcal{E}_1 = (1),\ \mathcal{E}_2 = \begin{pmatrix} 1 & 0 \\ 0 & 1 \end{pmatrix},\ \mathcal{E}_3 = \begin{pmatrix} 1 & 0 & 0 \\ 0 & 1 & 0 \\ 0 & 0 & 1 \end{pmatrix}, \ldots$$

2. *Auch wenn es unendlich viele Einheitsmatrizen* ($\mathcal{E}_n\,,\ n \in \mathbb{N}$) *gibt, verzichten wir im Folgenden auf die Indizierung von* $\mathcal{E}$*, da sich die Zeilenzahl von* $\mathcal{E}$ *bei Matrizenmultiplikationen aus dem zugehörigen zweiten Matrizenfaktor ergibt:*
z. B.: $\mathcal{A} \in M(m \times n; \mathbb{R})$

$$\Rightarrow\ \mathcal{E} \cdot \mathcal{A} \cdot \mathcal{E} = \mathcal{E}_m \cdot \mathcal{A} \cdot \mathcal{E}_n$$

3. *In Analogie zur Gegenmatrix bei der Matrizenaddition lässt sich auch bei der Matrizenmultiplikation fragen, ob es zu jeder Matrix* $\mathcal{A} \in M(n \times n, \mathbb{R})$ *eine Matrix* $\mathcal{A}^{-1} \in M(n \times n, \mathbb{R})$ *geben kann, so dass* $\mathcal{A} \cdot \mathcal{A}^{-1} = \mathcal{A}^{-1} \cdot \mathcal{A} = \mathcal{E}$ *gilt.*

Aufgrund der vorhergehenden Bemerkung 3.2.7 *3.* definieren wir bzgl. der Multiplikation die "Inverse" einer Matrix, wenn sie existiert. Wie sich die Inverse einer Matrix finden und bestimmen lässt, klären wir im Abschnitt 4.3.

Definitionen 3.2.8.

1. *Ist* $\mathcal{A} \in M(n \times n, \mathbb{R})$*, so heißt eine Matrix* $\mathcal{B} \in M(n \times n, \mathbb{R})$ *eine zu* $\mathcal{A}$ **inverse Matrix**, *in Zeichen* $\mathcal{B} = \mathcal{A}^{-1}$*, falls*

$$\mathcal{A} \cdot \mathcal{A}^{-1} = \mathcal{A}^{-1} \cdot \mathcal{A} = \mathcal{E}$$

2. *Besitzt eine Matrix* $\mathcal{A} \in M(n \times n, \mathbb{R})$ *eine inverse Matrix, so nennt man* $\mathcal{A}$ **regulär** *oder* **invertierbar**. *Falls sie keine Inverse besitzt, wird sie als* **singulär** *bezeichnet.*

Wir fassen die Rechengesetze der Matrizenmultiplikation - ohne Beweis - zusammen und werden im nächsten Abschnitt eine relevante Anwendung von Matrizen im Rahmen von linearen Gleichungssystemen kennenlernen.

Satz 3.2.2. *(Rechengesetze der Matrizenmultiplikation)*
Seien $\mathcal{A}, \mathcal{B}, \mathcal{C} \in M(n \times n, \mathbb{R})$, $\mathcal{E}$ die Einheitsmatrix und $\lambda \in \mathbb{R}$. Dann gilt:

1. $\mathcal{A} \cdot (\mathcal{B} \cdot \mathcal{C}) = (\mathcal{A} \cdot \mathcal{B}) \cdot \mathcal{C}$ *(Assoziativgesetz)*
2. $\mathcal{A} \cdot \mathcal{E} = \mathcal{A} = \mathcal{E} \cdot \mathcal{A}$ *(neutrales Element)*
3. $\mathcal{A} \cdot (\mathcal{B} + \mathcal{C}) = \mathcal{A} \cdot \mathcal{B} + \mathcal{A} \cdot \mathcal{C}$ *(Distributivgesetz)*
4. $(\mathcal{B} + \mathcal{C}) \cdot \mathcal{A} = \mathcal{B} \cdot \mathcal{A} + \mathcal{C} \cdot \mathcal{A}$ *(Distributivgesetz)*
5. $(\lambda \mathcal{A}) \cdot \mathcal{B} = \lambda(\mathcal{A} \cdot \mathcal{B}) = \mathcal{A} \cdot (\lambda \mathcal{B})$
6. $(\mathcal{A} \cdot \mathcal{B})^T = \mathcal{B}^T \cdot \mathcal{A}^T$ *(Transposition des Produktes)*
7. *Gilt $\mathcal{A} \cdot \mathcal{B} = \mathcal{B} \cdot \mathcal{A}$ so folgt für jedes $k \in \mathbb{N}$: $(\mathcal{A} \cdot \mathcal{B})^k = \mathcal{A}^k \cdot \mathcal{B}^k$, wobei $\mathcal{A}^k = \underbrace{\mathcal{A} \cdot \ldots \cdot \mathcal{A}}_{k\text{-mal}}$*

Bemerkungen 3.2.8.

1. *In der Formulierung des Satzes haben wir „·" nur zur Darstellung der Matrixmultiplikation verwendet, um diese vorerst von der Multiplikation mit $\lambda \in \mathbb{R}$ zu unterscheiden. Später, wenn festgelegt ist, welche Faktoren an einem Produkt beteiligt sind, werden wir den Punkt für die Multiplikation zwischen Matrizen vernachlässigen und ihn wieder für die skalare Multiplikation einsetzen.*

2. *Die Matrizen in Satz (3.2.2) müssen nicht notwendig quadratisch sein. Falls die Multiplikation wohldefiniert ist, können die Matrizen dementsprechend anders dimensioniert sein (z. B. $A \in M(m \times n; \mathbb{R})$ und $B \in M(n \times m; \mathbb{R})$). Dann gelten die Aussagen 1.-6. unverändert. Nur Aussage 7. gilt ausschließlich für quadratische Matrizen.*

3. *Wie bereits in Bemerkung 3.2.6 erwähnt, gilt das Kommutativgesetz für die Multiplikation von Matrizen im allgemeinen nicht. Die quadratischen Matrizen bilden, mit der Addition und Multiplikation einen so genannten* **nicht-kommutativen Ring***, der, wie wir aus Beispiel 3.2.4 wissen, nicht nullteilerfrei ist, d. h. aus $\mathcal{A} \cdot \mathcal{B} = \mathcal{N}$ folgt* **nicht notwendiger Weise** *$\mathcal{A} = \mathcal{N}$ oder $\mathcal{B} = \mathcal{N}$, mit $\mathcal{N}$ der zugehörigen Nullmatrix.*

Nach den Kurzaufgaben und Übungen kommen wir als nächstes zu einer Anwendung von Matrizen im Rahmen der für die Praxis so relevanten linearen Gleichungssysteme.

3.2.1 Kurzaufgaben zum Verständnis

1. Sind $\mathcal{A}, \mathcal{B} \in M(m \times n, \mathbb{R})$, so gilt $\mathcal{A} + \mathcal{B} = \mathcal{B} + \mathcal{A}$.

   □ wahr □ falsch

2. Wenn man für Matrizen die Produkte $\mathcal{A} \cdot \mathcal{B}$ und $\mathcal{B} \cdot \mathcal{A}$ berechnen kann, dann gilt $A \cdot \mathcal{B} = \mathcal{B} \cdot \mathcal{A}$.

   □ wahr □ falsch

3. $(\mathcal{A} \cdot \mathcal{B} = 0 \ \wedge \ \mathcal{B} \cdot \mathcal{A} = 0) \Rightarrow \ (\mathcal{A} = 0 \ \vee \mathcal{B} = 0)$

   □ wahr □ falsch

4. Ist
$$\mathcal{A} = \begin{pmatrix} 1 & 1 \\ 1 & 1 \end{pmatrix},$$
so folgt $\mathcal{A}^n = 2^{n-1}\mathcal{A}$ $(n \in \mathbb{N})$.

   □ wahr □ falsch

5. Sind $\mathcal{A}, \mathcal{B} \in M(n \times n, \mathbb{R})$, so gilt
$$(\mathcal{A} + \mathcal{B})^2 = \mathcal{A}^2 + 2\mathcal{A} \cdot \mathcal{B} + \mathcal{B}^2$$

   □ wahr □ falsch

6. Ist $\mathcal{A}$ eine Diagonalmatrix
$$\mathcal{A} = \begin{pmatrix} a & 0 & 0 \\ 0 & b & 0 \\ 0 & 0 & c \end{pmatrix}$$
so gilt für $n \in \mathbb{N}$
$$\mathcal{A}^n = \begin{pmatrix} a^n & 0 & 0 \\ 0 & b^n & 0 \\ 0 & 0 & c^n \end{pmatrix}$$

   □ wahr □ falsch

3.2.2 Übungen

Lösungsvideos zu den Übungen können auf www.lsgn24h.de über die Eingabe des Lösungscodes abgerufen werden.

Kl A:

1. Gegeben sind die folgenden Matrizen:

$$\mathcal{A} = \begin{pmatrix} 1 & 2 & 3 \\ 0 & 0 & 0 \end{pmatrix}, \mathcal{B} = \begin{pmatrix} -1 \\ 0 \\ 0 \end{pmatrix}$$

   (a) Bestimmen Sie die Matrix $\mathcal{C} = \mathcal{A} \cdot \mathcal{B}$ sowie die Transponierte $\mathcal{C}^T$.

   (Lösungscode: SB02MA0A001)

   (b) Bestimmen Sie jeweils den Typ $k \times l$ der Matrizen $\mathcal{A}, \mathcal{B}, \mathcal{C}$ und $\mathcal{C}^T$.

   (Lösungscode: SB02MA0A002)

   (c) Bestimmen Sie, wenn möglich, das Matrizenprodukt $\mathcal{B} \cdot \mathcal{A}$.

   (Lösungscode: SB02MA0A003)

2. Bilden Sie mit den Matrizen

$$\mathcal{A} = \begin{pmatrix} 1 & 2 & 3 \\ 4 & 5 & 7 \\ 9 & 8 & 6 \end{pmatrix}, \mathcal{P}_1 = \begin{pmatrix} 0 & 1 & 0 \\ 1 & 0 & 0 \\ 0 & 0 & 2 \end{pmatrix}$$

$$\mathcal{P}_2 = \begin{pmatrix} 1 & 0 & 0 \\ 0 & 1 & 0 \\ 0 & 0 & 2 \end{pmatrix}, \mathcal{P}_3 = \begin{pmatrix} 1 & 3 & 0 \\ 0 & 1 & 0 \\ 0 & 0 & 1 \end{pmatrix}$$

   die Produkte $\mathcal{P}_1 \cdot \mathcal{A}, \mathcal{A} \cdot \mathcal{P}_1, \mathcal{P}_2 \cdot \mathcal{A}, \mathcal{A} \cdot \mathcal{P}_3$. Was bewirken die Matrizen $\mathcal{P}_i,\ i = 1, 2, 3$?

   (Lösungscode: SB02MA0A004)

3. Berechnen Sie für die folgenden Matrizen alle möglichen einfachen Produkte

$$\mathcal{A} = \begin{pmatrix} 1 & 2 & 3 \\ 1 & 4 & 6 \end{pmatrix}, \mathcal{B} = \begin{pmatrix} 1 & 2 \\ 0 & 4 \\ 1 & 0 \end{pmatrix}$$

$$\mathcal{C} = \begin{pmatrix} 1 & 0 & 4 \\ 1 & 1 & 1 \\ 0 & 0 & 3 \end{pmatrix}, \mathcal{D} = \begin{pmatrix} 1 & 2 \\ 0 & 4 \end{pmatrix}$$

(Lösungscode: SB02MA0A005)

Kl B:

1. Gegeben sei die Matrix

$$\mathcal{A} = \begin{pmatrix} 1 & 2 \\ 0 & -1 \end{pmatrix}$$

Bestimmen Sie

$$\mathcal{X} = \begin{pmatrix} x_1 & x_3 \\ x_2 & x_4 \end{pmatrix}$$

so dass

$$\mathcal{A} \cdot \mathcal{X} = \mathcal{X} \cdot \mathcal{A}$$

(Lösungscode: SB02MA0B001)

2. Gegeben sei eine reelle 2×2-Matrix $\mathcal{A} = \begin{pmatrix} a & b \\ c & d \end{pmatrix}$ mit $ad - bc \neq 0$.

Man definiere

$$\mathcal{A}^{-1} = \frac{1}{ad - bc} \begin{pmatrix} d & -b \\ -c & a \end{pmatrix}$$

Zeigen Sie:

Dann ist $\mathcal{A}^{-1}$ die Inverse zu $\mathcal{A}$, d. h. $\mathcal{A}^{-1} \cdot \mathcal{A} = \mathcal{E}_2 = \mathcal{A} \cdot \mathcal{A}^{-1}$.

(Lösungscode: SB02MA0B002)

3. Berechnen Sie alle Potenzen $\mathcal{A}^n$, $n \in \mathbb{N}$, der folgenden Matrizen

$$\begin{pmatrix} 1 & a \\ 0 & 1 \end{pmatrix}, \begin{pmatrix} 0 & -2 & 1 \\ 0 & a & 3 \\ 0 & 0 & 0 \end{pmatrix} \text{ (mit } a \in \mathbb{R})$$

(Lösungscode: SB02MA0B003)

Kl C:

1. Die folgenden Tabellen zeigen drei Übergänge zwischen Produktionsebenen einer hypothetischen Produktion zweier Automobilvarianten (A1, A2).

[ME]	B1	B2	B3
R1	2	3	1
R2	0	1	5
R3	3	3	7
R4	1	1	2

[Stck]	E1	E2	E3
B1	2	0	2
B2	0	1	2
B3	3	4	1

[Stck]	A1	A2
E1	1	2
E2	5	4
E3	4	6

Die linke Tabelle enthält Angaben zu den Mengeneinheiten [ME] der Rohstoffe R1, R2, R3, R4 welche für die Produktion je einer Einheit der Bauteile B1, B2 und B3 benötigt werden. In der mittleren Tabelle ist angegeben, welche Stückzahlen [Stck] der Bauteile B1, B2 und B3 zur Produktion je einer Einheit der Einzelprodukte E1, E2, E3 benötigt werden und die rechte Tabelle enthält die benötigten Stückzahlen [Stck] der Einzelprodukte, welche in der Produktion je eines Automobils der Varianten A1, A2 eingesetzt werden.

(a) Wie viele Mengeneinheiten des Rohstoffs R3 werden für die Produktion einer Einheit des Einzelproduktes E2 benötigt?

(Lösungscode: SB02MA0C001)

(b) Wie viele Einheiten der Bauteile werden jeweils zur Herstellung je eines Automobils der Varianten A1 und A2 benötigt?

(Lösungscode: SB02MA0C002)

(c) Angenommen, je eine Mengeneinheit des Rohstoffs R1 koste 20 GE (GE: Geldeinheiten), eine ME R2 koste 3 GE, eine ME R3 koste 4.50 GE und eine ME R4 koste 10 GE. Was würde dann, nur aufgrund dieser Informationen, die Produktion einer Einheit des Einzelproduktes E1 kosten?

(Lösungscode: SB02MA0C003)

(d) Wenn insgesamt 200 Stck der Automobilvariante A1 und 150 Stck der Automobilvariante A2 produziert werden sollen, wie viele ME der einzelnen Rohstoffe würde man dann für die Gesamtproduktion benötigen?

(Lösungscode: SB02MA0C004)

2. Ist das Produkt quadratischer oberer bzw. unterer Dreiecksmatrizen wieder eine obere bzw. untere Dreiecksmatrix?

(Lösungscode: SB02MA0C005)

3. Ist das Produkt von symmetrischen Matrizen erneut symmetrisch?

(Lösungscode: SB02MA0C006)

4. Gegeben sind die 3×3-Matrizen

$$\mathcal{A} = \begin{pmatrix} a_{11} & 2 & 3 \\ a_{21} & 1 & 3 \\ a_{31} & -1 & -2 \end{pmatrix}, \mathcal{B} = \begin{pmatrix} 2 & b_{21} & 1 \\ 0 & b_{22} & 2 \\ 0 & b_{32} & 2 \end{pmatrix},$$

$$\mathcal{C} = \begin{pmatrix} 2 & -3 & c_{13} \\ 4 & -3 & c_{23} \\ 0 & 0 & c_{33} \end{pmatrix}$$

Man bestimme die fehlenden Einträge, so dass $A \cdot \mathcal{B} = \mathcal{C}$ gilt.

(Lösungscode: SB02MA0C007)

Kl D:

1. Seien $a, b, c, d \in \mathbb{R}$. Betrachten Sie folgende 4×4-Matrix

$$\mathcal{A} = \begin{pmatrix} a & b & c & d \\ -b & a & d & -c \\ -c & -d & a & b \\ -d & c & -b & a \end{pmatrix}$$

Berechnen Sie $\mathcal{A} \cdot \mathcal{A}^T$.

(Lösungscode: SB02MA0D001)

2. Betrachten Sie die Matrix $\mathcal{A} \in M(n \times n, \mathbb{R})$ $(n \geq 2)$

$$\mathcal{A} = \begin{pmatrix} 0 & 1 & 0 & \dots & \dots & 0 \\ 0 & 0 & 1 & 0 & \dots & 0 \\ \vdots & \vdots & \vdots & \ddots & 0 & 0 \\ 0 & 0 & 0 & \dots & 1 & 0 \\ 0 & 0 & 0 & \dots & 0 & 1 \\ 0 & 0 & 0 & \dots & \dots & 0 \end{pmatrix}$$

(a) Zeigen Sie: Es gibt ein $k \in \mathbb{N}$ mit $\mathcal{A}^{k-1} \neq 0$, aber $\mathcal{A}^k = 0$.

(Lösungscode: SB02MA0D002)

(b) Geben Sie ein $\vec{a} \in \mathbb{R}^n$ an, so dass

$$\mathbb{R}^n = \operatorname{span}(\{\mathcal{A}^i \cdot \vec{a};\ i = 0, 1, 2, \dots k-1\})$$

mit k aus (a) und $\mathcal{A}^{(0)} = \mathcal{E}_n$.

(Lösungscode: SB02MA0D003)

4. Lineare Gleichungssysteme

Gleichungen sind wichtiger für mich,
weil die Politik für die Gegenwart ist,
aber eine Gleichung etwas für die Ewigkeit.

Albert Einstein (1879-1953)

Lineare Gleichungssysteme sind auf den ersten Blick einfach strukturiert. Sie bestehen aus einer Anzahl von m Gleichungen, in denen jeweils n Unbekannte linear kombiniert auftreten. Solange keine große Anzahl von Gleichungen vorliegt, ist es auch möglich, sie noch per Hand zu lösen. Dennoch werden wir sehen, dass bereits bei einer sehr überschaubaren Anzahl von Unbekannten und Gleichungen, die gängigen Verfahren mühsam werden. Die meisten Computerprogramme, wie z. B. Matlab ©, Maple © oder Mathematica ©, bieten Verfahren an, die das Lösen effizient und schnell gestalten. Dennoch stoßen auch sie an Grenzen.
Das erste Verfahren zum Lösen von linearen Gleichungssystemen ist das *Gaußsches Eliminationsverfahren*, welches in diesem Kapitel vorgestellt wird.

4.1 Beispiel zu linearen Gleichungssystemen

Ein Beispiel für ein lineares Gleichungssystem, welches wir untersuchen werden, ist

$$\begin{aligned} 2x_1 + 6x_3 + 4x_2 &= 12 \\ 3x_2 + 7x_3 + x_1 &= 16 \\ 3x_2 + 3x_1 - 2x_3 &= -9 \end{aligned} \tag{4.1}$$

G. Schlüchtermann und N. Mahnke, *Basiswissen Ingenieurmathematik Band 2*,
https://doi.org/10.1007/978-3-658-38482-1_4

Für ein solches lineares Gleichungssystem besteht die Aufgabe darin, Werte $x_1, x_2, x_3 \in \mathbb{R}$ zu finden, die alle drei Gleichungen in (4.1) gleichzeitig lösen, d. h. wahr werden lassen.

Bevor wir einzelne Lösungsschritte behandeln, definieren wir zuerst, was man allgemein unter einer *linearen Gleichung* und einem *linearen Gleichungssystem* versteht.

Definitionen 4.1.1. *(Lineare Gleichungen und Gleichungssysteme)*

1. *Eine Gleichung der Form*

$$a_1x_1 + a_2x_2 + \ldots + a_nx_n = b$$

nennt man **lineare Gleichung**. *Die Zahlen $a_1, \ldots, a_n \in \mathbb{R}$ bezeichnet man als* **Koeffizienten**, *die $x_1, \ldots, x_n \in \mathbb{R}$ als die n Unbekannten und $b \in \mathbb{R}$ als* **Ergebnis** *der linearen Gleichung.*

2. *Man spricht von einem* **linearen Gleichungssystem (LGS) der Größe** (m, n), *falls m lineare Gleichungen mit jeweils (den gleichen) n Unbekannten vorliegen:*

$$\begin{aligned} a_{11}x_1 + a_{12}x_2 + \ldots + a_{1n}x_n &= b_1 \\ a_{21}x_1 + a_{22}x_2 + \ldots + a_{2n}x_n &= b_2 \\ \vdots &= \vdots \\ a_{m1}x_1 + a_{m2}x_2 + \ldots + a_{mn}x_n &= b_m \end{aligned} \tag{4.2}$$

Dabei sind $a_{ij}, b_i \in \mathbb{R}$ (fest), mit $i = 1, \ldots, m$ der Zeilenzahl und $j = 1, \ldots, n$ der Spaltenzahl und die $x_1, \ldots, x_n$ die gesuchten Unbekannten.

Eine Kurzbezeichnung lautet: (m, n)**-LGS**.

3. *Die Zahlen $a_{ij} \in \mathbb{R}$ werden die* **Koeffizienten** *eines LGS genannt und die Zahlen $b_i \in \mathbb{R}$ die* **Ergebniskomponenten** *des LGS.*

Oft sind LGS in ihrer Form ausgezeichnet und die folgenden Begriffe werden zu deren Beschreibung herangezogen.

Definitionen 4.1.2. *(spezielle LGS)*

1. *Gilt* $m = n$*, so besitzt das LGS genauso viele Unbekannte wie Gleichungen, und wir nennen das LGS* **quadratisch**.

2. *Gilt* $m < n$ *wird das* (m, n)*-LGS* **unterbestimmt** *genannt und für* $m > n$ *heißt es* **überbestimmt**.

3. *Sind in (4.2) alle* $b_i = 0$, $i = 1, \ldots, m$*, heißt das LGS* **homogen**. *Falls es mindestens ein* $i \in \{1, \ldots, m\}$ *gibt mit* $b_i \neq 0$*, so wird das LGS als* **inhomogen** *bezeichnet.*

4. *Unter einer* **Lösung eines LGS** *verstehen wir ein Wertetupel*

$$(x_1, x_2, \ldots, x_n) \in \mathbb{R}^n$$

für welches alle Gleichungen des LGS gleichzeitig wahr werden. Die Menge aller Lösungen eines LGS wird als **Lösungsmenge** $\mathbb{L}$ *des LGS bezeichnet.*

Wir wollen nun exemplarisch eine Lösung für das Gleichungssystem (4.1) bestimmen. Hierfür soll das LGS so umgeformt werden, dass die Lösung bestenfalls nach der Umformung direkt ablesbar sein wird.
Bevor wir aber beginnen, halten wir fest, dass das Gleichungssystem (4.1) noch in „ungeordneter“ Form vorliegt, da in den einzelnen Gleichungen gleiche Unbekannte noch nicht untereinander geschrieben worden waren. Wir nummerieren noch die Gleichungen von oben nach unten mit römischen Zahlen und das geordnete LGS (4.1) nimmt die folgende Form an

$$\begin{array}{rrcl} I: & 2x_1 + 4x_2 + 6x_3 & = & 12 \\ II: & x_1 + 3x_2 + 7x_3 & = & 16 \\ III: & 3x_1 + 3x_2 - 2x_3 & = & -9 \end{array} \qquad (4.3)$$

Auf dem Weg zu einer schrittweisen systematischen Lösung eines LGS wird dessen geordnete Darstellung immer vorausgesetzt.
Zur Lösung eines LGS sind alle Umformungen des LGS erlaubt, welche die Lösungsmenge unverändert lassen. Der Mathematiker Carl Friedrich Gauß hat seinerzeit diese elementaren Umformungen zur Lösung von linearen Gleichungssystemen identifiziert und diese sind im nachfolgenden Satz zusammengefasst:

Satz 4.1.1. *(Elementare Umformungen)*

1. *Das Vertauschen in der Reihenfolge der Gleichungen innerhalb eines LGS ändert die Lösungsmenge des LGS nicht.*
2. *Das Multiplizieren einer Gleichungen des LGS mit einer Zahl* $\lambda \in \mathbb{R} \setminus \{0\}$ *ändert die Lösungsmenge des LGS nicht.*
3. *Das Addieren einer Gleichung des LGS zu einer anderen Gleichung des LGS ändert die Lösungsmenge des LGS nicht.*

Für die Lösung des LGS (4.3) wenden wir die elementaren Umformungen an. Die zu wählenden Umformungen des LGS richten sich nach dessen linker Seite und wir gehen in folgenden Schritten vor:

1. Zuerst erzeugen wir eine "1" als Faktor vor der Variablen x_1 in Gleichung I, z. B. könnte man hierfür die Gleichungen I und II vertauschen, oder auch $(-1) \cdot II$ zur Gleichung I addieren. Wir wählen alternativ die Multiplikation von Gleichung I mit „$\frac{1}{2}$" und erhalten
$$\begin{array}{rrcl} I: & x_1 + 2x_2 + 3x_3 & = & 6 \\ II: & x_1 + 3x_2 + 7x_3 & = & 16 \\ III: & 3x_1 + 3x_2 - 2x_3 & = & -9 \end{array} \tag{4.4}$$

2. Jetzt addieren wir in (4.4) ein geeignetes Vielfaches der Gleichung I zu den Gleichungen II und III, um die Variable „x_1" in II und III zu eliminieren. Wir wählen $II + (-1) \cdot I$ und $III + (-3) \cdot I$. Man lässt die erste Gleichung dabei unverändert stehen und es entsteht:
$$\begin{array}{rrcl} I: & x_1 + 2x_2 + 3x_3 & = & 6 \\ II: & x_2 + 4x_3 & = & 10 \\ III: & -3x_2 - 11x_3 & = & -27 \end{array} \tag{4.5}$$

3. Die Gleichung I bleibt ab jetzt unverändert. Als nächstes würde man durch geeignete Multiplikation den Faktor vor x_2 in Gleichung II auf 1 ändern, was aber hier nicht notwendig ist. Wir addieren in (4.5) daher lediglich das Dreifache von II zu III und eliminieren so die Variable x_2 in III: $(III + 3 \cdot II)$
$$\begin{array}{rrcl} I: & x_1 + 2x_2 + 3x_3 & = & 6 \\ II: & x_2 + 4x_3 & = & 10 \\ III: & x_3 & = & 3 \end{array} \tag{4.6}$$

4. Das LGS hat in (4.6) eine Form angenommen, die als *gestaffelte* Form (auch *Zeilen-Stufen-Form*) bezeichnet wird.
   Als Teil der Lösung des LGS ist der Wert der Variablen x_3 in III in (4.6) sofort ablesbar und steht mit dem Wert 3 fest.
   Wird nun $x_3 = 3$ von unten nach oben sukzessive „rückwärts" in II und I eingesetzt und anschließend der aus II bestimmte Wert von x_2, so lassen sich x_2 aus II und x_1 aus I bestimmen:

$$x_3 \text{ in } II: \; x_2 = 10 - 4x_3 = 10 - 4 \cdot 3 = 10 - 12 = -2$$

   Einsetzen von x_2 und x_3 in Gleichung I ergibt:

$$x_3, x_2 \text{ in } I: \; x_1 = 6 - 2x_2 - 3x_3 = 6 + 4 - 9 = 1$$

   Also ergibt sich damit als Lösung

$$x_1 = 1, x_2 = -2, x_3 = 3 \tag{4.7}$$

$$\Leftrightarrow \quad \mathbb{L} = \{(x_1, x_2, x_3) = (1, -2, 3)\}$$

5. Wie bereits erwähnt ließen alle in diesem Beispiel verwendeten Rechenoperationen die Lösungsmenge des LGS unverändert. Die Richtigkeit dieser Aussage kann durch simples Einsetzen der Lösungswerte (4.7) in das LGS (4.1) verifiziert werden.

4.2 Gaußsches Eliminationsverfahren

Bereits C. F. Gauß[1] merkte an, dass bei den Lösungsschritten mit Hilfe der elementaren Umformungen, so auch in unserem Beispiel (4.1), sich (abgesehen von ihrer Reihenfolge) nur die Koeffizienten vor den Variablen und die Ergebnisse in ihrem Wert ändern. Diese Sichtweise gab ihm

[1]Carl Friedrich Gauß (1777 - 1855) geboren in Braunschweig, gilt als einer der größten Mathematiker aller Zeiten. Wegen seiner schon zu Lebzeiten bedeutenden Leistungen verlieh man ihm damals den Titel *Princeps mathematicorum*. Neben der reinen Mathematik war er als Statistiker, Geodät, Astronom, Elektrotechniker und Physiker tätig. Er erfand als einer der Ersten die elektromagnetische Telegraphie, entwickelte das Magnetometer und initiierte ein weltweites Netz zur Erforschung des Erdmagnetismus. Seine bahnbrechenden Arbeiten auf dem Gebiet der Mathematik, die z.T. diese Gebiete auch erst begründeten, umfassten u.a. die der Algebra, der Zahlentheorie, der Potentialtheorie, der Statistik und der nichteuklidischen Geometrie. Er veröffentlichte erst, wenn die Theorie nach seiner Meinung abgeschlossen war. Deshalb sind ca. 1000 grundlegende Arbeiten erst nach seinem Tod entdeckt worden.

die Möglichkeit, lineare Gleichungssysteme zu reduzieren und das Lösen von linearen Gleichungssystemen (LGS) zu systematisieren.
Diese Systematisierung soll anhand unseres Beispiels erläutert werden. So lässt sich das in seinen Variablen geordnete LGS (4.3) unseres Beispiels alternativ ohne Verwendung der Unbekannten x_1, x_2 und x_3 wie folgt notieren

$$\left(\begin{array}{ccc|c} 2 & 4 & 6 & 12 \\ 1 & 3 & 7 & 16 \\ 3 & 3 & -2 & -9 \end{array}\right) \tag{4.8}$$

und wir definieren:

Definitionen 4.2.1. *(Erweiterte Koeffizientenmatrix / Systemmatrix)*

1. *Im rechteckigen Anordnungsschema in (4.8) bilden die Einträge links vom senkrechten Strich, die geordneten Koeffizienten des LGS, die* **Koeffizientenmatrix**. *Die Einträge rechts vom senkrechten Strich bilden als Spalte den sogenannten* **Ergebnisvektor**. *Beides zusammen wird als* **erweiterte Koeffizientenmatrix** *bzw.* **Systemmatrix** *bezeichnet.*

2. *Allgemein werden die waagerechten Zahlenreihen in (4.8) als* **Zeilen** *bezeichnet, die senkrechten als* **Spalten**.

3. *Ist $\mathcal{A}$ die Koeffizientenmatrix eines (m, n)-LGS, so wird die zugehörige $(m, n+1)$-Systemmatrix mit $\mathcal{A}_{erw}$ bezeichnet.*

In der Darstellung durch die Systemmatrix werden wir die Umformungen zum Lösen des LGS aus unserem Beispiel (4.3) erneut anwenden.
Zur einfacheren Notation kürzen wir die drei elementaren Umformungen (auch „elementare Operationen“ genannt) wie folgt ab:

elementare Umformungen

Z1: Zwei Zeilen werden vertauscht;

Z2: die i-te Zeile wird mit $\lambda \in \mathbb{R} \setminus \{0\}$ multipliziert;

Z3: das λ-fache der j-te Zeile wird zur i-ten Zeile addiert und ergibt eine neue i-te Zeile.

Bezeichnen wir zuerst die einzelnen Zeilen der Systemmatrix

$$\begin{matrix} I: \\ II: \\ III: \end{matrix} \left(\begin{array}{ccc|c} 2 & 4 & 6 & 12 \\ 1 & 3 & 7 & 16 \\ 3 & 3 & -2 & -9 \end{array}\right)$$

und halten fest, dass die Koeffizientenmatrix A in unserem Beispiel quadratisch ist, mit $A \in M(3 \times 3, \mathbb{R})$. Für die Systemmatrix gilt demnach $\mathcal{A}_{erw} \in M(3 \times 4, \mathbb{R})$.
Wir wiederholen nun die einzelnen Lösungsschritte:

$$\begin{matrix} I: \\ II: \\ III: \end{matrix} \left(\begin{array}{ccc|c} 2 & 4 & 6 & 12 \\ 1 & 3 & 7 & 16 \\ 3 & 3 & -2 & -9 \end{array}\right) \xrightarrow{Z2:I\cdot 0{,}5} \begin{matrix} I: \\ II: \\ III: \end{matrix} \left(\begin{array}{ccc|c} 1 & 2 & 3 & 6 \\ 1 & 3 & 7 & 16 \\ 3 & 3 & -2 & -9 \end{array}\right)$$

$$\xrightarrow{Z3:II-I;III-3\cdot I} \begin{matrix} I: \\ II: \\ III: \end{matrix} \left(\begin{array}{ccc|c} 1 & 2 & 3 & 6 \\ 0 & 1 & 4 & 10 \\ 0 & -3 & -11 & -27 \end{array}\right)$$

$$\xrightarrow{Z3:III+3\cdot II} \begin{matrix} I: \\ II: \\ III: \end{matrix} \left(\begin{array}{ccc|c} 1 & 2 & 3 & 6 \\ 0 & 1 & 4 & 10 \\ 0 & 0 & 1 & 3 \end{array}\right)$$

In der letzten Form der Systemmatrix liegt die Koeffizientenmatrix in Staffelform vor und besitzt die Struktur einer oberen Dreiecksmatrix.
Zum Bestimmen der Lösung würde man die Systemmatrix wieder in das LGS (4.6) überführen und anschließend über rückwärtiges Einsetzen dessen Lösung (4.7) berechnen.
Da diese letzten Schritte ab der Staffelform der Systemmatrix sich formal nicht von denen ab (4.6) unterscheiden, sollen sie hier nicht wiederholt werden.

Wir werden aber unsere Lösungsmethodik in der Systemmatrix noch erweitern, um dann auch die Lösungsschritte ab (4.6) formalisieren zu können.
Das anhand des geordneten LGS aus dem Beispiel demonstrierte Vorgehen in der Matrixschreibweise war natürlich und lässt sich in folgender Lösungsstrategie zusammenfassen:

Bemerkung 4.2.1. *(Lösungsstrategie für LGS)*

1. *Man bringe mittels Z1-Umformung (Vertauschen von Zeilen) in die erste Spalte der ersten Zeile einen Koeffizienten ungleich null.*

2. *Nun werden die anderen Elemente der 1. Spalte (ab der 2. Zeile) durch Z3-Umformungen (Addition eines Vielfachen von Zeilen) zu Null umgeformt.*

3. *Danach wiederholt man die Schritte 1. und 2. mit der 2.Spalte ab der 2.Zeile bis man die m-te Zeile erreicht. Die vorhergehenden Zeilen bleiben entsprechend nach jedem Schritt unbehandelt.*

4. *Als Endresultat erhält man die Systemmatrix in* **Staffelform** *bzw. Zeilen-Stufen-Form. die Systemmatrix wird dann auch als* **Stufenmatrix** *bezeichnet.*

5. *Das Bestimmen der Lösung kann anschließend durch rückwärtiges Einsetzen erfolgen.*

6. *Alternativ zu der von uns verwendeten Dokumentation von elementaren Umformungen auf dem Übergangspfeil, wie in folgendem Beispiel*

$$\begin{matrix} I: \\ II: \end{matrix} \left(\begin{array}{cc|c} 1 & 2 & 6 \\ 3 & 4 & 7 \end{array}\right) \xrightarrow{Z3: II + I\cdot(-3)} \begin{matrix} I: \\ II: \end{matrix} \left(\begin{array}{cc|c} 1 & 2 & 6 \\ 0 & -2 & -11 \end{array}\right)$$

kann man auch die eindeutige Pfeildokumentation an der Ausgangsmatrix verwenden und kommt ohne Zeilennummerierungen aus:

$$\left(\begin{array}{cc|c} 1 & 2 & 6 \\ 3 & 4 & 7 \end{array}\right) \begin{matrix} \cdot(-3) \\ \longleftarrow + \end{matrix} \Rightarrow \left(\begin{array}{cc|c} 1 & 2 & 6 \\ 0 & -2 & -11 \end{array}\right)$$

Sonderfälle beim Lösen von LGS

In unserem Beispiel ergab sich eine eindeutige Lösung des LGS (4.1). Um aufzuzeigen, dass dieser Fall nicht immer so eintreten muss, betrachten wir das folgende Beispiel:

$$\begin{aligned} I: \quad 2x_1 + 4x_2 + 6x_3 &= 12 \\ II: \quad x_1 + 3x_2 + 7x_3 &= 16 \\ III: \quad 3x_1 + 3x_2 - 3x_3 &= -12 \end{aligned} \tag{4.9}$$

In Matrixschreibweise lösen wir das LGS (4.9) schrittweise, indem wir auf die Staffelform umformen, wobei wir die Zeilennummerierungen nicht mitnotieren:

$$\left(\begin{array}{ccc|c} 2 & 4 & 6 & 12 \\ 1 & 3 & 7 & 16 \\ 3 & 3 & -3 & -12 \end{array}\right) \xrightarrow{Z2:I\cdot 0{,}5} \left(\begin{array}{ccc|c} 1 & 2 & 3 & 6 \\ 1 & 3 & 7 & 16 \\ 3 & 3 & -3 & -12 \end{array}\right)$$

$$\xrightarrow{Z3:II-I,\,III-3\cdot I} \left(\begin{array}{ccc|c} 1 & 2 & 3 & 6 \\ 0 & 1 & 4 & 10 \\ 0 & -3 & -12 & -30 \end{array}\right)$$

$$\xrightarrow{Z3:III+3\cdot II} \left(\begin{array}{ccc|c} 1 & 2 & 3 & 6 \\ 0 & 1 & 4 & 10 \\ 0 & 0 & 0 & 0 \end{array}\right)$$

Man beachte, dass in der letzten Zeile mit $0x_1 + 0x_2 + 0x_3 = 0$ eine richtige, aber für alle Zahlen x_1, x_2 und x_3 erfüllbare Gleichung vorliegt. Man bezeichnet eine solche Zeile auch als **Nullzeile**.
Diese letzte Zeile enthält keine zusätzlichen Informationen, die zur Bestimmung der Lösung beitragen können. Sie darf weggelassen werden. Es bleiben folglich nur zwei Zeilen des LGS mit je drei Spalten übrig und das LGS reduziert sich zu:

$$\left(\begin{array}{ccc|c} 1 & 2 & 3 & 6 \\ 0 & 1 & 4 & 10 \end{array}\right) \Rightarrow \begin{array}{rrcl} I: & x_1 + 2x_2 + 3x_3 & = & 6 \\ II: & x_2 + 4x_3 & = & 10 \end{array}$$

Zur Bestimmung einer Lösungsmenge dieses unterbestimmten LGS können wir nun zwei der drei Variablen in Abhängigkeit von der dann unabhängigen dritten ausdrücken. Wir wählen als unabhängige Variable x_3 und ersetzen zur Verdeutlichung[2] ihren Wert allgemein durch die Variable $t \in \mathbb{R}$.

$$\begin{aligned} x_2 &= 10 - 4x_3 = 10 - 4t \text{ und} \\ x_1 &= 6 - 2x_2 - 3x_3 = 6 - 2(10 - 4t) - 3t = -14 + 5t \end{aligned}$$

Als Lösungsmenge erhalten wir:

$$\mathbb{L} = \{(x_1, x_2, x_3);\ x_1 = -14 + 5t, x_2 = 10 - 4t, x_3 = t,\ t \in \mathbb{R}\}$$

[2]Das Ersetzen von x_3 durch t ist grundsätzlich nicht notwendig, solange man $x_3 \in \mathbb{R}$ (beliebig) festlegt.

Damit enthält die Lösungsmenge zu diesem unterbestimmten LGS unendlich viele Elemente und die Lösung ist, anders als beim LGS (4.1), nicht eindeutig.
Es gibt noch eine dritte Variante der Lösbarkeit von LGS, für welche wir das folgende Beispiel betrachten:

$$\begin{array}{rrcr} I: & 2x_1 + 4x_2 + 6x_3 & = & 12 \\ II: & x_1 + 3x_2 + 7x_3 & = & 16 \\ III: & 3x_1 + 3x_2 - 3x_3 & = & -9 \end{array} \tag{4.10}$$

Offensichtlich unterscheidet sich (4.10) nur im Ergebnis auf der rechten Seite der Gleichung III von (4.9). Was ergibt sich jetzt bei Anwendung des Lösungsverfahrens?

$$\left(\begin{array}{rrr|r} 2 & 4 & 6 & 12 \\ 1 & 3 & 7 & 16 \\ 3 & 3 & -3 & -9 \end{array}\right) \overset{Z2, Z3\,(wie\ in\ (4.9))}{\longrightarrow} \left(\begin{array}{rrr|r} 1 & 2 & 3 & 6 \\ 0 & 1 & 4 & 10 \\ 0 & -3 & -12 & -27 \end{array}\right)$$

$$\overset{Z3\,(wie\ in\ (4.9))}{\longrightarrow} \left(\begin{array}{rrr|r} 1 & 2 & 3 & 6 \\ 0 & 1 & 4 & 10 \\ 0 & 0 & 0 & 3 \end{array}\right)$$

Betrachtet man die Gleichung der letzten Zeile nach rückwärtigem Einsetzen, so ergibt sich $0 \cdot x_1 + 0 \cdot x_2 + 0 \cdot x_3 = 3$. Diese Gleichung ist für alle x_1, x_2, x_3 falsch und folglich kann das LGS (4.10) keine Lösung besitzen, d. h. $\mathbb{L} = \{\ \}$. In diesem Fall wird $\dim(\mathbb{L}) = \dim(\{\ \}) = -1$ festgelegt.

Bemerkung 4.2.2.
Sei ein (m, n)-LGS gegeben. Dann kann dieses

1. *genau eine Lösung besitzen.*
2. *unendliche viele Lösungen besitzen.*
3. *keine Lösung besitzen.*

Man nennt das obige Verfahren, welches von der erweiterten Koeffizientenmatrix eines gegebenen LGS auf eine der drei möglichen Lösungsvarianten führt, das **Gaußsche**[3] **Eliminationsverfahren**.

[3]Zu C. F. Gauß wollen wir noch die folgende Anekdote hier unterbringen: Nach seinem Tod wurde das Gehirn von C. F. Gauß zwecks Untersuchungen entnommen und dabei versehentlich mit dem von C. H. Fuchs verwechselt. Beide Gehirne wurden in Formalin eingelegt und werden seither in der medizinischen Fakultät der Universität Göttingen aufbewahrt. Im Jahr 2013 wurden die Verwechselung erkannt und die Forschungsergebnisse berichtigt.

Das Gaußsche Eliminationsverfahren (kurz Gaußverfahren) ist in seiner Anwendbarkeit universell und kann auch für $m \neq n$ angewandt werden, wie das folgende Beispiel zeigen wird.
In diesem Beispiel sei ein LGS durch seine Koeffizientenmatrix $\mathcal{A}$ gegeben, mit $\mathcal{A} \in M(3 \times 5, \mathbb{R})$. Die Spalten von $\mathcal{A}$ seien von links nach rechts die Koeffizienten der Variablen $x_1, \ldots, x_5$.
Die Ergebnisse der einzelnen Gleichungen des LGS seien in einem Spaltenvektor zusammengefasst.
Wir wollen eine weitere Notation des Gaußverfahrens nutzen und zudem zwei Varianten dieses LGS gleichzeitig betrachten, indem mit den beiden Ergebnisvektoren $\vec{b}_1$ und $\vec{b}_2$ parallel gerechnet wird.

Beispiel 4.2.1.

$$\mathcal{A} = \begin{pmatrix} 3 & 0 & 0 & -6 & 9 \\ 0 & 0 & -2 & -8 & 2 \\ 1 & 0 & 1 & 2 & 2 \end{pmatrix}, \vec{b}_1 = \begin{pmatrix} 12 \\ -14 \\ 11 \end{pmatrix}, \vec{b}_2 = \begin{pmatrix} 3 \\ 2 \\ 1 \end{pmatrix}$$

Wir verwenden zur Darstellung der einzelnen Rechenschritte die alternative tabellarische Notation

$$\begin{array}{rrrrrr|rr|r}
I: & 3 & 0 & 0 & -6 & 9 & 12 & 3 & I \leftrightarrow III \\
1.\ II: & 0 & 0 & -2 & -8 & 2 & -14 & 2 & II := II/(-2) \\
III: & 1 & 0 & 1 & 2 & 2 & 11 & 1 & \\
\hline
I: & 1 & 0 & 1 & 2 & 2 & 11 & 1 & \\
2.\ II: & 0 & 0 & 1 & 4 & -1 & 7 & -1 & \\
III: & 3 & 0 & 0 & -6 & 9 & 12 & 3 & III := III - 3 \cdot I \\
\hline
I: & 1 & 0 & 1 & 2 & 2 & 11 & 1 & I := I - II \\
3.\ II: & 0 & 0 & 1 & 4 & -1 & 7 & -1 & \\
III: & 0 & 0 & -3 & -12 & 35 & -21 & 0 & III := III + 3 \cdot II \\
\hline
I: & 1 & 0 & 0 & -2 & 3 & 4 & 2 & \\
4.\ II: & 0 & 0 & 1 & 4 & -1 & 7 & -1 & \\
III: & 0 & 0 & 0 & 0 & 0 & 0 & -3 &
\end{array}$$

Anhand der untersten Zeile sehen wir, dass (analog zu (4.10)) für b_2 das Gleichungssystem nicht lösbar ist. Für b_1 können wir x_1 und x_3 durch x_2, x_4 und x_5 ausdrücken. Wir setzen $x_2 = t, x_4 = u$ und $x_5 = v$. Dann ergibt sich aus den Gleichungen 4. I und 4. II:

$$\begin{aligned} x_1 &= 4 + 2u - 3v \\ x_3 &= 7 - 4u + v \end{aligned}$$

In vektorieller Schreibweise erhalten wir als Lösungsmenge:

$$\mathbb{L} = \left\{ \vec{x} \in \mathbb{R}^5; \vec{x} = \begin{pmatrix} x_1 \\ x_2 \\ x_3 \\ x_4 \\ x_5 \end{pmatrix} = \begin{pmatrix} 4+2u-3v \\ t \\ 7-4u+v \\ u \\ v \end{pmatrix}; \ t, u, v \in \mathbb{R} \right\}$$

$$\textit{mit} \quad \begin{pmatrix} x_1 \\ x_2 \\ x_3 \\ x_4 \\ x_5 \end{pmatrix} = \begin{pmatrix} 4 \\ 0 \\ 7 \\ 0 \\ 0 \end{pmatrix} + t \begin{pmatrix} 0 \\ 1 \\ 0 \\ 0 \\ 0 \end{pmatrix} + u \begin{pmatrix} 2 \\ 0 \\ -4 \\ 1 \\ 0 \end{pmatrix} + v \begin{pmatrix} -3 \\ 0 \\ 1 \\ 0 \\ 1 \end{pmatrix}$$

Da beim Lösen eines (m, n)-LGS die Wahl der elementaren Umformungen im Wesentlichen von Form und Struktur der Koeffizientenmatrix $\mathcal{A} \in M(m \times n, \mathbb{R})$ abhängt, nicht von der Wahl des Ergebnisvektors, $\vec{b} \in M(m \times 1, \mathbb{R})$, ist es nur folgerichtig, $\mathcal{A}$ im LGS zu separieren und die Eigenschaften von $\mathcal{A}$ zu untersuchen.
$\mathcal{A}$ lässt sich im (m, n)-LGS (4.2) formal separieren, da sich das LGS auch als Produkt von Matrizen schreiben lässt: $\mathcal{A} \cdot \vec{x} = \vec{b}$, mit

$$\mathcal{A} = \begin{pmatrix} a_{11} & \cdots & a_{1n} \\ \vdots & & \vdots \\ a_{m1} & \cdots & a_{mn} \end{pmatrix}, \ \vec{x} = \begin{pmatrix} x_1 \\ \vdots \\ x_n \end{pmatrix}, \ \vec{b} = \begin{pmatrix} b_1 \\ \vdots \\ b_m \end{pmatrix}$$

Hierbei bezeichnen $\mathcal{A}$ die Koeffizientenmatrix, $\vec{x}$ den Lösungsvektor und $\vec{b}$ den Ergebnisvektor des LGS.

Als erste Eigenschaft von $\mathcal{A} \in M(m \times n, \mathbb{R})$ definiert man allgemein den Rang einer Matrix:

Definition 4.2.2. *(Rang (Zeilenrang) einer Matrix)*
Sei $\mathcal{A} \in M(m \times n, \mathbb{R})$. Besitzt $\mathcal{A}$ nach Anwenden des Gaußverfahrens Staffelform, dann wird die Anzahl der in der Staffelform von A vorhandenen Nicht-Nullzeilen der **Rang der Matrix** *A oder auch* **Zeilenrang** *von $\mathcal{A}$ genannt und als $rg(\mathcal{A})$ notiert.*

Wir haben diesen für die Matrizen so wichtigen Begriff hier eingeführt, weil man mit ihm vor allem Aussagen über die Lösbarkeit von linearen Gleichungssystemen gewinnen kann. Ein für die Lösbarkeit eines LGS wichtiger Zusammenhang zwischen den Zeilen- bzw. Spaltenvektoren einer Matrix und dem Rang, gibt der folgende Satz an.

Satz 4.2.1.
Gegeben sei ein $\mathcal{A} \in M(m \times n, \mathbb{R})$. *Dann gilt* $rg(\mathcal{A}) = k$ *genau dann, wenn* $\mathcal{A}$ *maximal* k *linear unabhängige Zeilenvektoren (bzw. Spaltenvektoren) besitzt.*

Beweis. [4]
Wir geben den Beweis nur für die Zeilenvektoren an. Der entsprechende für Spaltenvektoren erfolgt analog und seine Formulierung ist eine gute Übung.

Nehmen wir an, dass die Matrix $\mathcal{A}$ k *linear unabhängige Zeilenvektoren besitzt. Dann kann man durch die zulässigen Umformungen gemäß des Gaußschen Verfahrens die restlichen* $m - k$ *Zeilen zu Nullzeilen ändern.*

Die verbleibenden Zeilen können jetzt sukzessive auf Zeilenstufenform gebracht werden und wir haben genau k *Nicht-Nullzeilen, also* $rg(\mathcal{A}) = k$.

Auf der anderen Seite bedeuten die Umformungen nach dem Gaußverfahren, dass bei einer Zeilenstufenform mit k *Nicht-Nullzeilen wir zu deren Bestimmung nur Linearkombinationen dieser* k *Zeilen vorgenommen haben.*

Diese k *Zeilen sind im* $\mathbb{R}^n$ *linear unabhängig (leichte Übung) und damit waren die Zeilen vor der Umformung auch bereits linear unabhängig.*

Der Rang einer Koeffizientenmatrix A und der der zugehörigen Systemmatrix A_{erw} eines (m, n)-LGS bestimmen als Kennzahlen die Lösbarkeit des LGS, wie man aus der folgenden Bemerkung und dem nachfolgenden Satz entnehmen kann.

Bemerkungen 4.2.3.
Aus der Definition des Rangs einer Matrix ergeben sich (hier ohne Beweis) die folgenden Beziehungen:

1. *Ist* $\mathcal{A} \in M(m \times n, \mathbb{R})$, *so gilt* $rg(\mathcal{A}) \leq m$ *und* $rg(\mathcal{A}) \leq n$.

2. *Eine Matrix* $\mathcal{A}$ *besitzt* **vollen Rang**, *wenn* $rg(\mathcal{A}) = \min(m, n)$.

[4] Bei diesem „Beweis" handelt es sich um eine Argumentationsfolge als Beweisskizze.

3. *Sei $\mathcal{A}$ eine Koeffizientenmatrix eines (m, n)-LGS. Dann gilt für die Systemmatrix $\mathcal{A}_{erw}$*

$$\text{entweder } rg(\mathcal{A}_{erw}) = rg(\mathcal{A}) \quad \text{oder } rg(\mathcal{A}_{erw}) = rg(\mathcal{A}) + 1$$

Satz 4.2.2.
Gegeben sei ein (m, n)-LGS mit Koeffizientenmatrix $\mathcal{A}$. Sei $\mathcal{A}_{erw}$ die Systemmatrix. Dann gilt:

1. *Das LGS ist genau dann lösbar, wenn $rg(\mathcal{A}_{erw}) = rg(\mathcal{A})$.*

2. *Ist das LGS lösbar, dann ist die Anzahl k der in der Lösung frei wählbaren Parameter die Differenz aus der Anzahl der Unbekannten und dem Rang der Koeffizientenmatrix:*

$$k = n - rg(\mathcal{A}).$$

Bemerkungen 4.2.4.

1. *Jedes homogene LGS ist lösbar:*
Die triviale Lösung $x_1 = \ldots = x_n = 0$ ist immer eine Lösung.

2. *Ein LGS mit quadratischer Koeffizientenmatrix $A \in M(n \times n, \mathbb{R})$ mit maximalem Rang, $rg(\mathcal{A}) = n$, ist immer eindeutig lösbar, denn:*

   Nach Voraussetzung gilt $rg(\mathcal{A}) = n$. Die erweiterte Koeffizientenmatrix A_{erw} besitzt maximal n Zeilen. Also $rg(A_{erw}) = n = rg(\mathcal{A})$.

   Nach Satz 4.2.2 (1.) ist das LGS lösbar.

   Nach Satz 4.2.2 (2.) gilt für die Anzahl der frei wählbaren Parameter $k = n - rg(\mathcal{A}) = n - n = 0$. Damit ist die Lösung eindeutig.

3. *Ein LGS mit weniger Gleichungen als Unbekannten, d. h. $m < n$, ist entweder nicht lösbar oder die Lösung ist mehrdeutig, denn:*

   Gilt $rg(\mathcal{A}_{erw}) > rg(\mathcal{A})$, so ist das LGS nicht lösbar.

   Damit bleibt nach der Bemerkung 4.2.3 (2.) nur $rg(\mathcal{A}_{erw}) = rg(\mathcal{A})$.

   Wegen Bemerkung 4.2.3 (1.) gilt $rg(\mathcal{A}) \leq m$ und mit Satz 4.2.2 (2.) folgt für die Anzahl der frei wählbaren Parameter

$$k = n - rg(\mathcal{A}) = n - m > 0$$

   Die Lösung muss damit mehrdeutig sein.

Satz (4.2.2) und die Lösungsvarianten für LGS lassen sich in folgendem Diagramm zusammenfassen:

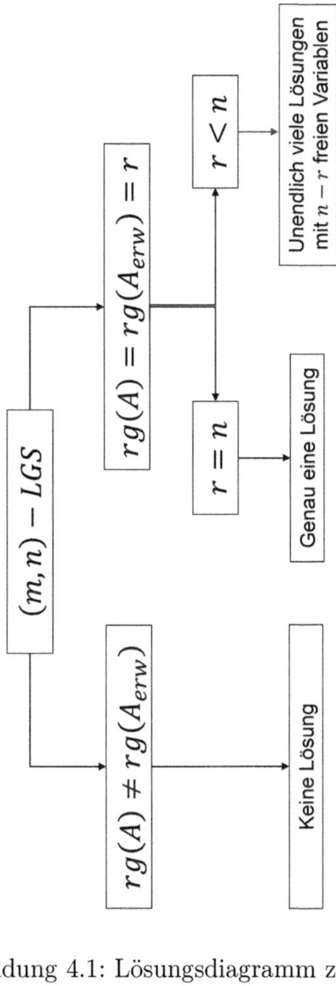

Abbildung 4.1: Lösungsdiagramm zu LGS

Wo unter anderem lineare Gleichungssysteme in der Anwendung vorkommen können, zeigt das folgende Beispiel.

Beispiel 4.2.2.
Gegeben sei eine Legierung. Der elektrische Widerstand R dieser Legierung ändere sich annähernd wie ein Polynom dritten Grades in Abhängigkeit von der Temperatur T, d. h.

$$R(T) = c_0 + c_1T + c_2T^2 + c_3T^3$$

Gesucht sind die Werte c_0, c_1, c_2 und c_3. Dazu misst man zu vier verschiedenen Temperaturen T_0, T_1, T_2 und T_3 die entsprechenden Widerstände R_0, R_1, R_2 und R_3. Man erhält also allgemein das LGS

$$\begin{aligned} c_0 + c_1T_0 + c_2T_0^2 + c_3T_0^3 &= R_0 \\ c_0 + c_1T_1 + c_2T_1^2 + c_3T_1^3 &= R_1 \\ c_0 + c_1T_2 + c_2T_2^2 + c_3T_2^3 &= R_2 \\ c_0 + c_1T_3 + c_2T_3^2 + c_3T_3^3 &= R_3 \end{aligned}$$

Als Temperaturen seien nun die folgenden gewählt worden

$$T_i = (i+1)hK\,,\ i = 0,1,2,3$$ [5]

und dazu die gemessenen Widerstände, $R_i = R(T_i)$, $i = 0,1,2,3$

$$R_0 = 3\Omega,\ R_1 = 9\Omega,\ R_2 = 25\Omega,\ R_3 = 57\Omega$$

Wir schreiben das LGS einheitenfrei

$$\begin{aligned} c_0 + c_1 + c_2 + c_3 &= 3 \\ c_0 + 2c_1 + 4c_2 + 8c_3 &= 9 \\ c_0 + 3c_1 + 9c_2 + 27c_3 &= 25 \\ c_0 + 4c_1 + 16c_2 + 64c_3 &= 57 \end{aligned}$$

$$\Rightarrow \left(\begin{array}{cccc|c} 1 & 1 & 1 & 1 & 3 \\ 1 & 2 & 4 & 8 & 9 \\ 1 & 3 & 9 & 27 & 25 \\ 1 & 4 & 16 & 64 & 57 \end{array}\right)$$

und lösen es mittels des Gaußschen Eliminationsverfahrens:

[5] hK: steht hier für „hekto-Kelvin“

$$\left(\begin{array}{cccc|c} 1 & 1 & 1 & 1 & 3 \\ 1 & 2 & 4 & 8 & 9 \\ 1 & 3 & 9 & 27 & 25 \\ 1 & 4 & 16 & 64 & 57 \end{array}\right) \overset{II:=II-I,III:=III-I,IV:=IV-I}{\longrightarrow}$$

$$\left(\begin{array}{cccc|c} 1 & 1 & 1 & 1 & 3 \\ 0 & 1 & 3 & 7 & 6 \\ 0 & 2 & 8 & 26 & 22 \\ 0 & 3 & 15 & 63 & 54 \end{array}\right) \overset{III:=III-2II,IV:=IV-3II}{\longrightarrow}$$

$$\left(\begin{array}{cccc|c} 1 & 1 & 1 & 1 & 3 \\ 0 & 1 & 3 & 7 & 6 \\ 0 & 0 & 2 & 12 & 10 \\ 0 & 0 & 6 & 42 & 36 \end{array}\right) \overset{III:=III/2}{\longrightarrow}$$

$$\left(\begin{array}{cccc|c} 1 & 1 & 1 & 1 & 3 \\ 0 & 1 & 3 & 7 & 6 \\ 0 & 0 & 1 & 6 & 5 \\ 0 & 0 & 6 & 42 & 36 \end{array}\right) \overset{IV:=IV-6III}{\longrightarrow}$$

$$\left(\begin{array}{cccc|c} 1 & 1 & 1 & 1 & 3 \\ 0 & 1 & 3 & 7 & 6 \\ 0 & 0 & 1 & 6 & 5 \\ 0 & 0 & 0 & 6 & 6 \end{array}\right) \overset{IV:=IV/6}{\longrightarrow} \left(\begin{array}{cccc|c} 1 & 1 & 1 & 1 & 3 \\ 0 & 1 & 3 & 7 & 6 \\ 0 & 0 & 1 & 6 & 5 \\ 0 & 0 & 0 & 1 & 1 \end{array}\right)$$

mittels rückwärtigem Einsetzen erhält man:

$$c_3 = 1, c_2 = -1, c_1 = 2, c_0 = 1$$

Mit den zugehörigen Einheiten ergibt sich die Lösung des LGS:

$$c_3 = 1\frac{\Omega}{(hK)^3},\ c_2 = -1\frac{\Omega}{(hK)^2},\ c_1 = 2\frac{\Omega}{(hK)},\ c_0 = 1\Omega$$

und damit die kubische Funktion zur Beschreibung der Temperaturabhängigkeit des Widerstands der Legierung:

$$\Rightarrow\ R(T) = T^3 \cdot \frac{\Omega}{(hK)^3} - T^2 \cdot \frac{\Omega}{(hK)^2} + 2T \cdot \frac{\Omega}{(hK)} + 1 \cdot \Omega$$

4.2.1 Kurzaufgaben zum Verständnis

1. Gegeben sei ein (m, n)-LGS $\mathcal{A} \cdot \vec{x} = \vec{b}$. Ist der Rang der Matrix $\operatorname{rg}(\mathcal{A}) = m < n$, so gilt

   □ Es gibt genau eine Lösung.
   □ Es gibt unendlich viele Lösungen.
   □ Die Anzahl der Lösungen hängt vom Rang von $\mathcal{A}_{erw}$ ab.

2. Besitzt die Matix $\mathcal{A}$ des (n, n)-LGS, $\mathcal{A} \cdot \vec{x} = \vec{b}$, vollen Rang, so gilt

   □ Es gibt genau eine Lösung.
   □ Es gibt unendlich viele Lösungen.
   □ Die Anzahl der Lösungen hängt vom Rang von $\mathcal{A}_{erw}$ ab.

3. Sind $\vec{x_1}, \vec{x_2}$ Lösungen eines (m, n)-LGS, $\mathcal{A} \cdot \vec{x} = \vec{b}$, so ist $\vec{x_1} - \vec{x_2}$

   □ eine Lösung von $\mathcal{A} \cdot \vec{x} = \vec{b}$.
   □ eine Lösung von $\mathcal{A} \cdot \vec{x} = \vec{0}$.
   □ Ob es sich um eine Lösung handelt, hängt von $\operatorname{rg}(\mathcal{A}_{\text{erw}})$ ab.

4. Gegeben sei ein (m, n)-LGS, $\mathcal{A} \cdot \vec{x} = \vec{b}$. Gilt für den Rang von $\mathcal{A}$

$$\operatorname{rg}(\mathcal{A}) = \operatorname{rg}(\mathcal{A}_{\text{erw}}) = k \leq m < n$$

   so hat der Lösungsraum die Dimension

   □ k □ $n - k$ □ m

5. Gegeben sei ein (n, n)-LGS, $\mathcal{A} \cdot \vec{x} = \vec{b}$. Dann ist die Lösung des LGS eindeutig, genau dann, wenn

   □ $\mathcal{A}$ vollen Rang besitzt. □ $\operatorname{rg}(\mathcal{A}) = \operatorname{rg}(\mathcal{A}_{\text{erw}})$.
   □ $\vec{b} = \vec{0}$.

6. Gegeben sei ein (n, n)-LGS, $\mathcal{A} \cdot \vec{x} = \vec{0}$. Gilt für den Rang von $\mathcal{A}$

$$\operatorname{rg}(\mathcal{A}) = \operatorname{rg}(\mathcal{A}_{\text{erw}}) = k < n$$

   so folgt für die Lösungsmenge, $\mathbb{L}$:

   □ $\mathbb{L}$ ist immer ein linearer Unterraum des $\mathbb{R}^n$.
   □ $\mathbb{L}$ ist ein Punkt.
   □ $\mathbb{L} \setminus \{\vec{x_0}\}$ ist ein linearer Unterraum und $\vec{x_0}$ eine Lösung des LGS.

4.2.2 Übungen

Lösungsvideos zu den Übungen können auf www.lsgn24h.de über die Eingabe des Lösungscodes abgerufen werden.

Kl A:

1. Ermitteln Sie die Lösungsmenge des folgenden LGS

$$\begin{aligned} x_1 - x_2 + x_3 &= 1 \\ 2x_1 + x_2 + 2x_3 &= 6 \\ -3x_1 - x_2 + 3x_3 &= 2 \end{aligned}$$

(Lösungscode:SB02GE0A001)

2. Beurteilen Sie die Lösbarkeit des folgenden LGS und bestimmen Sie die Anzahl der frei wählbaren Parameter

$$\begin{aligned} x_1 + x_2 &= 2 \\ x_1 + x_2 + x_3 &= 1 \\ x_2 + x_3 + x_4 &= 2 \\ x_3 + x_4 + x_5 &= 2 \\ x_4 + x_5 &= 3 \end{aligned}$$

(Lösungscode:SB02GE0A002)

3. Bestimmen Sie die Lösungsmenge des folgenden LGS

$$\left(\begin{array}{rrrrr|r} 2 & -3 & 1 & -2 & 4 & 7 \\ -4 & 6 & -2 & 5 & -6 & -10 \\ 6 & -9 & 3 & -4 & 10 & 17 \\ 2 & -4 & 3 & 2 & -3 & 5 \\ -2 & 5 & -3 & 2 & -1 & 1 \end{array}\right)$$

(Lösungscode:SB02GE0A003)

4. Lösen Sie, dass folgende LGS mit dem Gaußschen Eliminationsverfahren

$$\begin{pmatrix} 1 & -1 & 2 \\ -2 & 1 & -6 \\ 1 & 0 & -2 \end{pmatrix} \cdot \begin{pmatrix} x_1 \\ x_2 \\ x_3 \end{pmatrix} = \begin{pmatrix} 0 \\ 0 \\ 3 \end{pmatrix}$$

(Lösungscode:SB02GE0A004)

Kl B:

1. Gesucht ist die Lösung des LGS mit der Koeffizientenmatrix

$$\mathcal{A} = \begin{pmatrix} 0 & 0 & 1 & 3 & 3 \\ 1 & 2 & 1 & 4 & 3 \\ 1 & 2 & 2 & 7 & 6 \\ 2 & 4 & 1 & 5 & 3 \end{pmatrix}$$

   und dem Ergebnisvektor

$$\begin{pmatrix} 2 \\ 3 \\ 5 \\ 4 \end{pmatrix}$$

   Welche Dimension besitzt der Lösungsraum?

   (Lösungscode:SB02GE0B001)

2. Man bestimme für $a \in \mathbb{R}$ die Lösungsmenge bzw. die Dimension des Lösungsraums des LGS

$$\begin{aligned} x_1 + ax_2 - x_3 &= 0 \\ 2x_1 + x_2 &= 0 \\ x_2 + x_3 &= 0 \end{aligned}$$

   (Lösungscode:SB02GE0B002)

3. Geben Sie die Werte von c an, für die das folgende Gleichungssystem mindestens eine Lösung besitzt und geben Sie in diesem Fall in Abhängigkeit von c alle Lösungen an.

$$\begin{aligned} 2w + x + 4y + 3z &= 1 \\ w + 3x + 2y - z &= 3c \\ w + x + 2y + z &= c^2 \end{aligned}$$

   (Lösungscode:SB02GE0B003)

4. Man bestimme für $a \in \mathbb{R}$ die Lösungsmenge bzw. die Dimension des Lösungsraums des LGS

$$\begin{aligned} ax_1 + x_2 + x_3 &= 1 \\ x_1 + ax_2 + x_3 &= 1 \\ x_1 + x_2 + ax_3 &= 1 \end{aligned}$$

   (Lösungscode:SB02GE0B004)

5. Überprüfen Sie die folgenden Vektoren auf lineare Unabhängigkeit

$$\vec{a} = \begin{pmatrix} 1 \\ 2 \\ 3 \\ 4 \end{pmatrix}, \vec{b} = \begin{pmatrix} 2 \\ 0 \\ -1 \\ 2 \end{pmatrix}, \vec{c} = \begin{pmatrix} 4 \\ 1 \\ 1 \\ 1 \end{pmatrix}$$

(Lösungscode:SB02GE0B005)

Kl C:

1. Bestimmen Sie eine Koeffizientenmatrix $\mathcal{A}$ und einen Ergebnisvektor $\vec{b}$, so dass

$$\left\{ \lambda \begin{pmatrix} 1 \\ 0 \\ -1 \end{pmatrix} + \mu \begin{pmatrix} 0 \\ 1 \\ -1 \end{pmatrix} ; \lambda, \mu \in \mathbb{R} \right\}$$

die Lösungsmenge in $\mathbb{R}^3$ ist.

(Lösungscode: SB02GE0C001)

2. Im Ursprung des $\mathbb{R}^3$ laufen drei Stahlträger zusammen, die von den Punkten $p_1 = (-2, 1, -5), p_2 = (2, -2, -4)$ und $p_3 = (1, 2, -3)$ ausgehen. Im Ursprung wirkt die vektorielle Kraft $F = (0, 0, -56N)$ ein. Welche Kräfte wirken auf die Träger?

(Lösungscode:SB02GE0C002)

3. Man bestimme für $a, b \in \mathbb{R}$ die Lösungsmenge bzw. die Dimension des Lösungsraums des LGS

$$\begin{aligned} x_1 + ax_2 + bx_3 &= 2a \\ x_1 + x_2 &= 0 \\ bx_2 + ax_3 &= b \end{aligned}$$

(Lösungscode:SB02GE0C003)

4. Die Differenz der Quadrate zweier natürlicher Zahlen ist 53. Um welche Zahlen handelt es sich?

(Lösungscode:SB02GE0C004)

5. Führen Sie den Beweis von Satz 4.2.1 vollständig aus.

(Lösungscode:SB02GE0C005)

Kl D:

1. Geben Sie einen Beweis zu Satz 4.2.2 an.

(Lösungscode:SB02GE0D001)

2. Sei

$$\mathcal{A} = \begin{pmatrix} 3 & 0 & 0 & -6 & 9 \\ 0 & 0 & -2 & -8 & 2 \\ 1 & 0 & 1 & 2 & 2 \end{pmatrix} \in M(3 \times 5, \mathbb{R})$$

(a) Ist $\mathbb{L} = \{\vec{b} \in \mathbb{R}^3;\ \mathcal{A} \cdot \vec{x} = \vec{b} \text{ ist lösbar}\}$ ein linearer Unterraum von $\mathbb{R}^3$ (mit Begründung)? Wenn ja, geben Sie eine Basis von $\mathbb{L}$ an.

(Lösungscode: SB02GE0D002)

(b) Geben Sie eine Basis des Lösungsraums von $\mathcal{A} \cdot \vec{x} = \vec{0}$ an.

(Lösungscode: SB02GE0D003)

(c) Geben Sie für $\vec{b}_0 = (24, -28, 22)^T$ die Lösungsmenge von $\mathcal{L}^* = \{\vec{x} \in \mathbb{R}^5; \mathcal{A} \cdot \vec{x} = \vec{b}_0\}$ an.

(Lösungscode: SB02GE0D004)

(d) Kann man einen Vektor $\vec{x}_0 \in \mathbb{R}^5$ und einen linearen Unterraum $U \subset \mathbb{R}^5$ finden, so dass $\mathcal{L}^* = \{\vec{w}; \vec{w} = \vec{x}_0 + \vec{v} \wedge \vec{v} \in U\}$? (Begründen Sie Ihre Antwort.)

(Lösungscode: SB02GE0D005)

3. Gegeben ist für $n \in \mathbb{N}$ das folgende Gleichungssystem

$$\sum_{i=1}^{n} (i-k) \cdot x_i = 1 \ , \ \text{mit } k \in \{1, \ldots, n\}$$

(a) Bestimmen Sie die Lösungsmenge für $n = 1, 2, 3$.

(Lösungscode: SB02GE0D006)

(b) Welche Lösungsmenge ergibt sich für ein allgemeines $n \in \mathbb{N}$?

(Lösungscode: SB02GE0D007)

4.3 Matrixinverse und Lineare Gleichungssysteme

Wir werden in diesem Kapitel das Lösen von quadratischen (n, n)-LGS weiter formalisieren und uns daher zur Vorbereitung auf die Betrachtung von quadratischen Matrizen (z. B. $\mathcal{A}, \mathcal{B} \in M(n \times n, \mathbb{R})$) beschränken.

Wir hatten ja schon zu den Bemerkungen 3.2.7 die Frage formuliert, ob es zu jeder Matrix $\mathcal{A} \in M(n \times n, \mathbb{R})$ eine weitere Matrix $\mathcal{A}^{-1} \in M(n \times n, \mathbb{R})$ geben kann, so dass $\mathcal{A} \cdot \mathcal{A}^{-1} = \mathcal{A}^{-1} \cdot \mathcal{A} = \mathcal{E}$ gilt.

Wir greifen jetzt die Frage nach dieser „Inversen" $\mathcal{A}^{-1}$ bezüglich der Matrizenmultiplikation wieder auf, was gleichbedeutend mit der Frage ist, ob zu einer gegebenen Matrix $\mathcal{A}$ eine Matrix B bestimmt werden kann, welche die Gleichung $\mathcal{A} \cdot \mathcal{B} = \mathcal{E}$ erfüllt.
Um dieser Frage nachzugehen, betrachten wir ein einfaches Beispiel. Es sei

$$\mathcal{A} = \begin{pmatrix} 3 & 8 \\ 2 & 5 \end{pmatrix}$$

Wir suchen eine Matrix $\mathcal{B} \in M(2 \times 2, \mathbb{R})$, mit

$$\mathcal{B} = \begin{pmatrix} x_1 & x_3 \\ x_2 & x_4 \end{pmatrix} \quad \text{und } \mathcal{A} \cdot \mathcal{B} = \mathcal{E}$$

Das Produkt

$$\begin{pmatrix} 3 & 8 \\ 2 & 5 \end{pmatrix} \cdot \begin{pmatrix} x_1 & x_3 \\ x_2 & x_4 \end{pmatrix} = \begin{pmatrix} 1 & 0 \\ 0 & 1 \end{pmatrix}$$

schreiben wir aus und erhalten die folgenden vier Gleichungen:

$$\begin{aligned} 3x_1 + 8x_2 & & &= 1 \\ 2x_1 + 5x_2 & & &= 0 \\ & & 3x_3 + 8x_4 &= 0 \\ & & 2x_3 + 5x_4 &= 1 \end{aligned}$$

Um die Komponenten von B zu bestimmen, lösen wir das entstandene $(4, 4)$-LGS:

$$\left(\begin{array}{cccc|c} 3 & 8 & 0 & 0 & 1 \\ 2 & 5 & 0 & 0 & 0 \\ 0 & 0 & 3 & 8 & 0 \\ 0 & 0 & 2 & 5 & 1 \end{array}\right) \overset{I\leftrightarrow II, I:=I/2, III\leftrightarrow IV, III:=III/2}{\longrightarrow}$$

$$\left(\begin{array}{cccc|c} 1 & \frac{5}{2} & 0 & 0 & 0 \\ 3 & 8 & 0 & 0 & 1 \\ 0 & 0 & 1 & \frac{5}{2} & \frac{1}{2} \\ 0 & 0 & 3 & 8 & 0 \end{array}\right) \overset{II-3I, IV-3III}{\longrightarrow}$$

$$\left(\begin{array}{cccc|c} 1 & \frac{5}{2} & 0 & 0 & 0 \\ 0 & \frac{1}{2} & 0 & 0 & 1 \\ 0 & 0 & 1 & \frac{5}{2} & \frac{1}{2} \\ 0 & 0 & 0 & \frac{1}{2} & -\frac{3}{2} \end{array}\right)$$

Durch rückwärtiges Einsetzen ergibt sich:

$$x_4 = -3, x_3 = 8, x_2 = 2, x_1 = -5 \;\Rightarrow\; \mathcal{B} = \begin{pmatrix} -5 & 8 \\ 2 & -3 \end{pmatrix}$$

Zur Kontrolle berechnen wir

$$\mathcal{A} \cdot \mathcal{B} = \begin{pmatrix} 3 & 8 \\ 2 & 5 \end{pmatrix} \begin{pmatrix} -5 & 8 \\ 2 & -3 \end{pmatrix} = \begin{pmatrix} 1 & 0 \\ 0 & 1 \end{pmatrix}$$

und

$$B \cdot A = \begin{pmatrix} -5 & 8 \\ 2 & -3 \end{pmatrix} \begin{pmatrix} 3 & 8 \\ 2 & 5 \end{pmatrix} = \begin{pmatrix} 1 & 0 \\ 0 & 1 \end{pmatrix}$$

Damit erfüllt $\mathcal{B}$ die Eigenschaft $\mathcal{A}\cdot\mathcal{B} = \mathcal{B}\cdot\mathcal{A} = \mathcal{E}$ und wir können notieren $\mathcal{A}^{-1} = \mathcal{B}$.

Nun sind positive Beispiele sicherlich hilfreich. Aber leider müssen wir auch deutlich machen, dass nicht zu jeder quadratischen Matrix $\mathcal{A}$ eine Matrix $\mathcal{A}^{-1}$ existieren muss. Hierfür führen wir ein weiteres Beispiel an.

Beispiel 4.3.1.
Gegeben sei die Matrix $\mathcal{A}_1 \in M(2 \times 2, \mathbb{R})$, *mit*

$$\mathcal{A}_1 = \begin{pmatrix} 2 & 4 \\ 3 & 6 \end{pmatrix}$$

und wie oben suchen wir ein

$$\mathcal{B}_1 = \begin{pmatrix} x_1 & x_3 \\ x_2 & x_4 \end{pmatrix}, \quad \textit{mit } \mathcal{A}_1 \cdot \mathcal{B}_1 = \mathcal{E}$$

woraus sich die folgenden vier Gleichungen ergeben

$$\begin{aligned} 2x_1 + 4x_2 \quad & &= 1 \\ 3x_1 + 6x_2 \quad & &= 0 \\ & 2x_3 + 4x_4 &= 0 \\ & 3x_3 + 6x_4 &= 1 \end{aligned}$$

Wir lösen das LGS wieder mit Hilfe des Gaußverfahrens und erhalten

$$\left(\begin{array}{cccc|c} 2 & 4 & 0 & 0 & 1 \\ 3 & 6 & 0 & 0 & 0 \\ 0 & 0 & 2 & 4 & 0 \\ 0 & 0 & 3 & 6 & 1 \end{array}\right) \xrightarrow{I:=I/2, II:=II/3}$$

$$\left(\begin{array}{cccc|c} 1 & 2 & 0 & 0 & 0.5 \\ 1 & 2 & 0 & 0 & 0 \\ 0 & 0 & 3 & 4 & 0 \\ 0 & 0 & 3 & 6 & 1 \end{array}\right) \xrightarrow{II-I}$$

$$\left(\begin{array}{cccc|c} 1 & 2 & 0 & 0 & 0.5 \\ 0 & 0 & 0 & 0 & -0.5 \\ 0 & 0 & 3 & 4 & 0 \\ 0 & 0 & 3 & 6 & 1 \end{array}\right)$$

Betrachtet man die letzte Form des LGS in der Darstellung durch die erweiterte Koeffizientenmatrix, so enthält die zweite Zeile beim rückwärtigen Einsetzen den offenen Widerspruch „$0 = -0.5$“.
Also gibt es keine Matrix $\mathcal{B}_1$, mit $\mathcal{A}_1 \cdot \mathcal{B}_1 = \mathcal{E}$.

Folglich besitzt nicht jede Matrix $\mathcal{A} \in M(n \times n, \mathbb{R})$, eine inverse Matrix bezüglich der Multiplikation.

Bemerkungen 4.3.1.

1. *Die Matrix $\mathcal{A}_1$ aus Beispiel 4.3.1 wird* **singulär** *genannt (siehe Definiton 3.2.8).*

2. *Eine weitere Eigenschaft der Matrix $\mathcal{A}_1$ aus Beispiel 4.3.1 ist die folgende. Wenn man die Matrix*

$$\mathcal{A} = \begin{pmatrix} 2 & 4 \\ 3 & 6 \end{pmatrix}$$

auf Zeilen-Stufen-Form bringt, erkennt man, dass $rg(\mathcal{A}) = 1 < 2$ gilt. Also besitzt $\mathcal{A}$ keinen vollen Rang.

3. *Da die Nullmatrix* $\mathcal{N} \in M(n \times n, \mathbb{R})$ *bezüglich der Multiplikation immer Null ergibt, kann sie keine Inverse besitzen.*

4. *Die inverse Matrix, falls sie zu einer Matrix* $\mathcal{A} \in M(n \times n, \mathbb{R})$ *existiert, ist eindeutig.*

Wie wir aus Satz 4.2.2 (*2.*) wissen, ist jedes (n, n)-LGS genau dann eindeutig lösbar, wenn die Koeffizientenmatrix $\mathcal{A} \in M(n \times n, \mathbb{R})$ vollen Rang besitzt (also $\mathrm{rg}\,(\mathcal{A}) = n$). Jedes LGS mit $\mathrm{rg}\,(\mathcal{A}) < n$ ist eben nicht notwendig lösbar. Damit kann man folgenden Satz formulieren.

Satz 4.3.1.
Eine Matrix $\mathcal{A} \in M(n \times n, \mathbb{R})$ *ist genau dann regulär, wenn* $\mathcal{A}$ *maximalen Rang besitzt, d. h.* $rg\,(\mathcal{A}) = n$.

Für Matrizen $\mathcal{A} \in M(n \times n; \mathbb{R})$, mit $n \geq 3$, ist das von uns verwendete erste intuitive Verfahren zur Bestimmung der Inversen von $\mathcal{A}$ zu umständlich.
Wir wollen daher noch ein Verfahren zur Berechnung der Inversen mit Hilfe des Gaußschen Eliminationsalgorithmus angeben.
Dazu betrachten wir exemplarisch die Matrix

$$\mathcal{A} = \begin{pmatrix} 1 & 2 & 5 \\ 2 & 1 & -3 \\ 0 & 1 & 5 \end{pmatrix} \in M(3 \times 3, \mathbb{R})$$

Wir stellen jetzt die benötigten neun Gleichungen auf, die sich aus der Gleichung $\mathcal{A} \cdot \mathcal{B} = \mathcal{E}$, mit $\mathcal{B} \in M(3 \times 3, \mathbb{R})$, ergeben und sich in Matrixschreibweise folgendermaßen ausdrücken lassen:

$$\left(\begin{array}{ccc|ccc} 1 & 2 & 5 & 1 & 0 & 0 \\ 2 & 1 & -5 & 0 & 1 & 0 \\ 0 & 1 & 5 & 0 & 0 & 1 \end{array}\right) \tag{4.11}$$

In der Darstellung (4.11) haben wir formal die Matrix $\mathcal{A}$ links neben die Einheitsmatrix $\mathcal{E}_3$ gestellt.
Jetzt wenden wir die Gaußschen Zeilenumformungen so an, dass die linke Matrix von (4.11) schrittweise zur Einheitsmatrix $\mathcal{E}_3$ umgeschrieben wird. Da wir die Zeilenumformungen dabei auch auf die rechte Matrix

in (4.11) wirken lassen, verändert sich dadurch auch diese.

$$\left(\begin{array}{ccc|ccc} 1 & 2 & 5 & 1 & 0 & 0 \\ 2 & 1 & -5 & 0 & 1 & 0 \\ 0 & 1 & 5 & 0 & 0 & 1 \end{array}\right) \xrightarrow{II:=II-2I, III\leftrightarrow II}$$

$$\left(\begin{array}{ccc|ccc} 1 & 2 & 5 & 1 & 0 & 0 \\ 0 & 1 & 5 & 0 & 0 & 1 \\ 0 & -3 & -13 & -2 & 1 & 0 \end{array}\right) \xrightarrow{I:=I-2II, III:III+3II}$$

$$\left(\begin{array}{ccc|ccc} 1 & 0 & -5 & 1 & 0 & -2 \\ 0 & 1 & 5 & 0 & 0 & 1 \\ 0 & 0 & 2 & -2 & 1 & 3 \end{array}\right) \xrightarrow{III:=III/2, I:=I+5III, II:=II-5III}$$

$$\left(\begin{array}{ccc|ccc} 1 & 0 & 0 & -4 & \frac{5}{2} & \frac{11}{2} \\ 0 & 1 & 0 & 5 & -\frac{5}{2} & -\frac{13}{2} \\ 0 & 0 & 1 & -1 & \frac{1}{2} & \frac{3}{2} \end{array}\right)$$

Nach erfolgreicher Anwendung dieses Verfahrens steht nun links die Matrix $\mathcal{E}_3$ und die gesuchte Inverse zu $\mathcal{A}$ rechts vom senkrechten Strich und wir können schreiben

$$\mathcal{A}^{-1} = \begin{pmatrix} -4 & \frac{5}{2} & \frac{11}{2} \\ 5 & -\frac{5}{2} & -\frac{13}{2} \\ -1 & \frac{1}{2} & \frac{3}{2} \end{pmatrix}$$

Dass die Inverse zu $\mathcal{A}$, $\mathcal{A}^{-1}$, so korrekt berechnet wurde lässt sich durch eine einfache Probe belegen, nämlich dass $\mathcal{A}^{-1}$ die folgende Beziehung korrekt erfüllt:

$$\mathcal{A} \cdot \mathcal{A}^{-1} = \mathcal{A}^{-1} \cdot \mathcal{A} = \mathcal{E}$$

Betrachtet man das Invertieren von quadratischen Matrizen als Rechenoperation, so gelten für diese „Inversion“ von Matrizen Rechenregeln, welche wir in folgendem Satz (ohne Beweis) zusammenfassen:

Satz 4.3.2.
Seien $\mathcal{A}, \mathcal{B} \in M(n \times n, \mathbb{R})$ reguläre Matrizen und $\lambda \in \mathbb{R} \setminus \{0\}$. Dann gilt

1. $(\mathcal{A}^{-1})^{-1} = \mathcal{A}$.
2. $(\mathcal{A}^T)^{-1} = (\mathcal{A}^{-1})^T$
3. $(\mathcal{A}^n)^{-1} = (\mathcal{A}^{-1})^n$
4. $(\mathcal{A} \cdot \mathcal{B})^{-1} = \mathcal{B}^{-1} \cdot \mathcal{A}^{-1}$
5. $(\lambda\mathcal{A})^{-1} = \frac{1}{\lambda}\mathcal{A}^{-1}$

Damit kennen wir das formale Verfahren zur Inversion von quadratischen Matrizen und deren Rechenregeln, aber eine wesentliche Frage bleibt, die noch beantwortet werden muss und zwar „Warum kann das Verfahren zur Inversion, so wie es ab (4.11) dargestellt wurde, überhaupt funktionieren?“

Die Antwort liegt darin, dass invertierbare Matrizen noch eine schöne Eigenschaft besitzen, denn sie erlauben eine Zerlegung in spezielle invertierbare Matrizen. Man kann sagen, dass diese speziellen Matrizen die elementaren Bausteine für den Aufbau der Inversen einer jeden invertierbaren Matrix darstellen.

Als Vorbereitung für den nächsten Satz führen wir drei Matrizen ein, mit denen sich die elementaren Zeilenumformungen des Gaußverfahrens ausdrücken lassen werden.

Definitionen 4.3.1.
Die folgenden Matrizen werden, als **Elementarmatrizen** *bezeichnet, mit* $\lambda \in \mathbb{R} \setminus \{0\}$.

1. *Für* $i, j = 1, \ldots, n$ *bezeichnet* $\mathcal{V}_{ij} \in M(n \times n, \mathbb{R})$, *diejenige Matrix, die entsteht, indem man in der Einheitsmatrix* $\mathcal{E} \in M(n \times n, \mathbb{R})$ *die* i*-te mit der* j*-ten Spalte vertauscht.*

2. $\mathcal{M}_k(\lambda) \in M(n \times n, \mathbb{R})$ *bezeichnet diejenige Diagonalmatrix mit* $a_{ii} = 1$ $(i \neq k)$ *und* $a_{kk} = \lambda$.

3. $\mathcal{S}_{ij}(\lambda) \in M(n \times n, \mathbb{R})$ $(i \neq j)$ *steht für diejenige obere bzw. untere Dreiecksmatrix, welche aus* $\mathcal{E}_n$ *entsteht, indem man die Komponente* a_{ij} *gleich* λ *setzt.*

4. $\mathcal{E}_{ij} \in M(n \times n, \mathbb{R})$ *bezeichnet diejenige Matrix, welche aus der zugehörigen Nullmatrix entsteht, indem die Komponente* a_{ij} *auf* 1 *geändert wird.*

Wie die Elementarmatrizen aussehen können, findet sich in den nachfolgenden Beispielen.

Beispiele 4.3.2. *(Elementarmatrizen)*

1. *Beispiele für* $\mathcal{V}_{ij}$

$$\mathcal{E}_4 = \begin{pmatrix} 1 & 0 & 0 & 0 \\ 0 & 1 & 0 & 0 \\ 0 & 0 & 1 & 0 \\ 0 & 0 & 0 & 1 \end{pmatrix} \Rightarrow \quad \mathcal{V}_{23} = \begin{pmatrix} 1 & 0 & 0 & 0 \\ 0 & 0 & 1 & 0 \\ 0 & 1 & 0 & 0 \\ 0 & 0 & 0 & 1 \end{pmatrix}$$

$$\mathcal{V}_{24} = \begin{pmatrix} 1 & 0 & 0 & 0 \\ 0 & 0 & 0 & 1 \\ 0 & 0 & 1 & 0 \\ 0 & 1 & 0 & 0 \end{pmatrix}, \ldots$$

2. *Beispiele für* $\mathcal{M}_k(\lambda)$

$$\mathcal{E}_4 = \begin{pmatrix} 1 & 0 & 0 & 0 \\ 0 & 1 & 0 & 0 \\ 0 & 0 & 1 & 0 \\ 0 & 0 & 0 & 1 \end{pmatrix} \Rightarrow \quad \mathcal{M}_1(\lambda) = \begin{pmatrix} \lambda & 0 & 0 & 0 \\ 0 & 1 & 0 & 0 \\ 0 & 0 & 1 & 0 \\ 0 & 0 & 0 & 1 \end{pmatrix}$$

$$\mathcal{M}_3(\lambda) = \begin{pmatrix} 1 & 0 & 0 & 0 \\ 0 & 1 & 0 & 0 \\ 0 & 0 & \lambda & 0 \\ 0 & 0 & 0 & 1 \end{pmatrix}, \ldots$$

3. *Beispiele für* $\mathcal{S}_{ij}(\lambda)$

$$\mathcal{E}_4 = \begin{pmatrix} 1 & 0 & 0 & 0 \\ 0 & 1 & 0 & 0 \\ 0 & 0 & 1 & 0 \\ 0 & 0 & 0 & 1 \end{pmatrix} \Rightarrow \quad \mathcal{S}_{13}(\lambda) = \begin{pmatrix} 1 & 0 & \lambda & 0 \\ 0 & 1 & 0 & 0 \\ 0 & 0 & 1 & 0 \\ 0 & 0 & 0 & 1 \end{pmatrix}$$

$$\mathcal{S}_{34}(\lambda) = \begin{pmatrix} 1 & 0 & 0 & 0 \\ 0 & 1 & 0 & 0 \\ 0 & 0 & 1 & \lambda \\ 0 & 0 & 0 & 1 \end{pmatrix}, \ldots$$

4. Beispiele für $\mathcal{E}_{ij}$

$$\mathcal{N}_4 = \begin{pmatrix} 0 & 0 & 0 & 0 \\ 0 & 0 & 0 & 0 \\ 0 & 0 & 0 & 0 \\ 0 & 0 & 0 & 0 \end{pmatrix} \quad \Rightarrow \quad \mathcal{E}_{12} = \begin{pmatrix} 0 & 1 & 0 & 0 \\ 0 & 0 & 0 & 0 \\ 0 & 0 & 0 & 0 \\ 0 & 0 & 0 & 0 \end{pmatrix}$$

$$\mathcal{E}_{33} = \begin{pmatrix} 0 & 0 & 0 & 0 \\ 0 & 0 & 0 & 0 \\ 0 & 0 & 1 & 0 \\ 0 & 0 & 0 & 0 \end{pmatrix}, \ldots$$

Bemerkungen 4.3.2.
Aus den Definitionen der Elementarmatrizen lassen sich die folgenden Beziehungen ableiten:

$$\mathcal{S}_{ij}(1) = \mathcal{E}_n + \mathcal{E}_{ij}, \ \mathcal{S}_{ij}(\lambda) = \mathcal{E}_n + \lambda\mathcal{E}_{ij}, \ \mathcal{M}_k(\lambda) = \mathcal{E}_n + (\lambda - 1)\mathcal{E}_{kk} \quad (4.12)$$

Multipliziert man eine Matrix $\mathcal{A} \in M(n \times n, \mathbb{R})$ von links mit den Elementarmatrizen, so stehen die Ergebnisse in direkter Beziehung zu den elementaren Umformungen im Gaußalgorithmus, denn es folgt

$$\begin{aligned} \mathcal{M}_k(\lambda) \cdot \mathcal{A} &\equiv \text{Multiplikation der } k\text{-ten Zeile von } \mathcal{A} \text{ mit } \lambda \\ \mathcal{S}_{ij}(1) \cdot \mathcal{A} &\equiv \text{Addition der } j\text{-Zeile von } \mathcal{A} \text{ zur } i\text{-ten} \\ \mathcal{S}_{ij}(\lambda) \cdot \mathcal{A} &\equiv \text{Addition des } \lambda\text{-fachen der } j\text{-Zeile von } \mathcal{A} \text{ zur } i\text{-ten} \\ \mathcal{V}_{ij} \cdot \mathcal{A} &\equiv \text{Vertauschen der } j\text{-Zeile von } \mathcal{A} \text{ mit der } i\text{-ten} \end{aligned} \quad (4.13)$$

Wenn man statt der Multiplikation von links die Matrix $\mathcal{A}$ von rechts mit den Elementarmatrizen multipliziert, ergeben sich die elementaren Umformungen für Spalten und es folgt

$$\begin{aligned} \mathcal{A} \cdot \mathcal{M}_k(\lambda) &\equiv \text{Multiplikation der } k\text{-ten Spalte von } \mathcal{A} \text{ mit } \lambda \\ \mathcal{A} \cdot \mathcal{S}_{ji}(1) &\equiv \text{Addition der } j\text{-Spalte von } \mathcal{A} \text{ zur } i\text{-ten} \\ \mathcal{A} \cdot \mathcal{S}_{ji}(\lambda) &\equiv \text{Addition des } \lambda\text{-fachen der } j\text{-Spalte von } \mathcal{A} \text{ zur } i\text{-ten} \\ \mathcal{A} \cdot \mathcal{V}_{ji} &\equiv \text{Vertauschen der } j\text{-Spalte von } \mathcal{A} \text{ mit der } i\text{-ten} \end{aligned} \quad (4.14)$$

Bemerkung 4.3.3.
Interessanter Weise sind die Elementarmatrizen $\mathcal{S}_{ij}(\lambda)$ und $\mathcal{V}_{ij}$ Produkte der Elementarmatrizen $\mathcal{M}_i^\lambda$ und $\mathcal{S}_{ij}(1)$. Es gilt nämlich

$$\begin{aligned} \mathcal{S}_{ij}(\lambda) &= \mathcal{M}_j\left(\frac{1}{\lambda}\right)\cdot\mathcal{S}_{ij}(1)\cdot\mathcal{M}_j(\lambda) \\ \mathcal{V}_{ij} &= \mathcal{S}_{ji}(1)\cdot\mathcal{S}_{ij}(-1)\cdot\mathcal{S}_{ji}(1)\cdot M_j(-1) \end{aligned} \tag{4.15}$$

(Der Beweis durch Nachrechnen ist Teil der Übungen.)

Proposition 4.3.3.
Elementarmatrizen (bis auf 4.)) sind invertierbar und deren Inverse sind erneut Elementarmatrizen. Im Einzelnen gilt für $\lambda \neq 0$:

$$\begin{aligned} (\mathcal{M}_i(\lambda))^{-1} &= \mathcal{M}_i\left(\frac{1}{\lambda}\right) \\ (\mathcal{S}_{ij}(1))^{-1} &= \mathcal{S}_{ij}(-1) \\ (\mathcal{S}_{ij}(\lambda))^{-1} &= \mathcal{S}_{ij}(-\lambda) \\ (\mathcal{V}_{ij})^{-1} &= \mathcal{V}_{ij} \end{aligned} \tag{4.16}$$

Den Nachweis zur Proposition 4.3.3 erfolgt, indem man die rechte Seite mit der entsprechenden Elementarmatrix multipliziert und zeigt, dass das Produkt die Einheitsmatrix ergibt.

Dass Elementarmatrizen in ihrer Multiplikation von links jeweils einer elementaren Umformung im Gaußalgorithmus entsprechen, zeigt der folgende Satz, dass man invertierbare Matrizen durch Elementarmatrizen ausdrücken kann.

Satz 4.3.4.
Jede reguläre (invertierbare) Matrix $\mathcal{A} \in M(n \times n, \mathbb{R})$ ist das Produkt von Elementarmatrizen.

Beweis.
Ist $\mathcal{A} \in M(n \times n, \mathbb{R})$ eine reguläre Matrix, so ist ihr Rang maximal, $rg(\mathcal{A}) = n$. Damit ist sie invertierbar, und sie ließe sich mit Hilfe des Inversionsverfahrens analog zu (4.11) mit elementaren Umformungen bis hin zur Einheitsmatrix $\mathcal{E}_n$ umformen.
Da wir die elementaren Zeilenumformungen durch die Multiplikation von links mit Elementarmatrizen ausdrücken können, muss es Elementarmatrizen $B_1, \dots B_r$ wie in (4.13) geben, so dass gilt

$$B_1 \cdot \ldots \cdot B_r \cdot \mathcal{A} = \mathcal{E}_n \tag{4.17}$$

Da die Inverse Matrix zur Matrix $\mathcal{A}$ eindeutig ist, muss gelten

$$\mathcal{B}_1 \cdot \ldots \cdot \mathcal{B}_r = \mathcal{A}^{-1} \tag{4.18}$$

Nun versteht sich damit auch, weshalb im Inversionsverfahren bei (4.11) das Anwenden der elementaren Umformungen auf die rechte Seite (die Einheitsmatrix $\mathcal{E}_n$) automatisch die Inverse erzeugen muss.
Da zu jeder Elementarmatrix B_i $(i = 1, \ldots, r)$ auch deren Inverse existiert, muss man Gleichung (4.17) lediglich von links in umgekehrter Reihenfolge mit den Inversen zu $\mathcal{B}_1, \ldots, \mathcal{B}_r$, gemäß Proposition 4.3.3, multiplizieren und erhält die Aussage aus Satz 4.3.4

$$\mathcal{A} = \mathcal{B}_r^{-1} \cdot \ldots \cdot \mathcal{B}_1^{-1}$$

□

Nachdem wir jetzt die Inverse zu regulären Matrizen bestimmen können, lässt sich festhalten, dass bezüglich der Matrizenmultiplikation die Menge aller regulären (invertierbaren) Matrizen eine Gruppe bilden.

Definition 4.3.2. *(General Linear Group)*
Das Paar $(GL(n), \cdot)$, der Menge

$$GL(n) = \{\mathcal{A} \in M(n \times n, \mathbb{R}); \mathcal{A} \text{ ist regulär}\}$$

zusammen mit der Matrizenmultiplikation $(\cdot)$, ist eine nicht-kommutative Gruppe und wird (engl.) **General Linear Group** *genannt. Der ältere deutsche Begriff ist „allgemeine lineare Gruppe“.*

Ist die Matrix $\mathcal{A} \in GL(n)$ die Koeffizientenmatrix eines (n, n)-LGS, dann lässt sich das LGS mit Hilfe von $\mathcal{A}^{-1}$, der Inversen zu $\mathcal{A}$, auch wie folgt lösen:
Sei das LGS $\mathcal{A} \cdot \vec{x} = \vec{b}$ gegeben, mit

$$\mathcal{A} = \begin{pmatrix} a_{11} & \cdots & a_{1n} \\ \vdots & \ddots & \vdots \\ a_{n1} & \cdots & a_{nn} \end{pmatrix} \in GL(n),\ \vec{x} = \begin{pmatrix} x_1 \\ \vdots \\ x_n \end{pmatrix},\ \vec{b} = \begin{pmatrix} b_1 \\ \vdots \\ b_n \end{pmatrix}$$

Dann folgt

$$\begin{array}{rcll} \mathcal{A} \cdot \vec{x} & = & \vec{b} & |\mathcal{A}^{-1} \cdot \\ \mathcal{A}^{-1} \cdot \mathcal{A} \cdot \vec{x} & = & \mathcal{A}^{-1} \cdot \vec{b} & |\mathcal{A}^{-1} \cdot \mathcal{A} = \mathcal{E}_n \\ \mathcal{E}_n \cdot \vec{x} & = & \mathcal{A}^{-1} \cdot \vec{b} & |\mathcal{E}_n \cdot \vec{x} = \vec{x} \\ \vec{x} & = & \mathcal{A}^{-1} \cdot \vec{b} & \end{array} \tag{4.19}$$

Ist demnach zu einem (n, n)-LGS, $\mathcal{A} \cdot \vec{x} = \vec{b}$, mit der Koeffizientenmatrix $\mathcal{A}$ und einem beliebigen Ergebnisvektor $\vec{b}$, die Inverse zu $\mathcal{A}$ bekannt, so ist die Lösung des LGS sofort durch $\mathcal{A}^{-1} \cdot \vec{b}$ gegeben.

Die Inverse zur Koeffizientenmatrix des LGS stellt damit einen „Universallösungsschlüssel“ für das LGS dar.
Die Anwendung der Inversen ist neben dem Gaußverfahren die zweite Lösungsmethodik für (n, n)-LGS.

Im nächsten Kapitel dieses Buches werden wir, nach den Kurzaufgaben und Übungen zu diesem Abschnitt, noch den Zusammenhang zwischen Matrizen und linearen Abbildungen genauer betrachten.

4.3.1 Kurzaufgaben zum Verständnis

1. Seien
$$\mathcal{A} = \begin{pmatrix} 1 & -2 \\ -2 & 1 \end{pmatrix} \text{ und } \mathcal{B} = \begin{pmatrix} 0 & 1 \\ 1 & 0 \end{pmatrix}$$
Welche Aussage ist wahr?
   - □ $\mathcal{A}^2 - 5 \cdot \mathcal{A} = 6 \cdot E_2$
   - □ $\mathcal{A}$ und $\mathcal{B}$ sind invertierbar.
   - □ $(\mathcal{B} + \mathcal{A})(\mathcal{B} - \mathcal{A}) \neq \mathcal{B}^2 - \mathcal{A}^2$

2. Sei
$$\mathcal{A} = \begin{pmatrix} -2 & -1 & 2 \\ 1 & 0 & -1 \\ -2 & -1 & 2 \end{pmatrix}$$
Welche Aussage ist wahr?
   - □ $\mathcal{A}$ ist invertierbar.
   - □ $\mathcal{A}^3 = \mathcal{E}_3$.
   - □ Es gibt eine 3×3-Matrix $\mathcal{B} \neq \mathcal{N}$, so dass $\mathcal{A} \cdot \mathcal{B} = \mathcal{N}$.

3. Seien
$$\mathcal{A} = \begin{pmatrix} 1 & -1 & 2 \\ 0 & 1 & 2 \\ 0 & 0 & 1 \end{pmatrix} \text{ und } \mathcal{B} = \begin{pmatrix} 0 & -1 & 2 \\ 0 & 0 & 2 \\ 0 & 0 & 0 \end{pmatrix}$$
Welche der folgenden Aussagen ist wahr?
   - □ Es existiert ein $n \in \mathbb{N}$, so dass $\mathcal{B}^n$ invertierbar ist.
   - □ $\mathcal{A}$ ist invertierbar und $\mathcal{A}^{-1} = \mathcal{E}_3 - \mathcal{B} + \mathcal{B}^3 2$.
   - □ $\mathcal{A}$ und $\mathcal{B}$ sind beides 3×3 - Matrizen und deshalb gilt $\mathcal{A} \cdot \mathcal{B} = \mathcal{B} \cdot \mathcal{A}$.

4. Gilt für Matrizen $\mathcal{A} \cdot \mathcal{B} - \mathcal{B} \cdot \mathcal{A} = 0$, so ist $\mathcal{A}$ invertierbar und $\mathcal{A}^{-1} = \mathcal{B}$.

   □ wahr　　　　　□ falsch

5. Ist $\mathcal{A}$ invertierbar, so gilt

$$\mathcal{A} \cdot \mathcal{X} = \mathcal{B} \Leftrightarrow \mathcal{X} = \mathcal{B} \cdot \mathcal{A}^{-1}$$

□ wahr □ falsch

6. Es gilt $\mathcal{A} = \mathcal{P}^{-1} \cdot \mathcal{B} \cdot \mathcal{P} \Leftrightarrow \mathcal{A}^n = \mathcal{P}^{-1} \cdot \mathcal{B}^n \cdot \mathcal{P}$.

□ wahr □ falsch

7. Ist

$$\mathcal{A} = \begin{pmatrix} 2 & 0 \\ 0 & 5 \end{pmatrix} \Rightarrow \mathcal{A}^{-1} = \begin{pmatrix} \frac{1}{2} & 0 \\ 0 & \frac{1}{5} \end{pmatrix}.$$

□ wahr □ falsch

8. Sind $\mathcal{X}_0, \mathcal{A} \in M(n \times n, \mathbb{R})$ und definiert man eine rekursive Matrizenfolge $\mathcal{X}_{m+1} = \mathcal{A} \cdot X_m$, so gilt $\mathcal{X}_m = \mathcal{A}^m \cdot \mathcal{X}_0$, $m \in \mathbb{N}_0$.

□ wahr □ falsch

4.3.2 Übungen

Lösungsvideos zu den Übungen können auf www.lsgn24h.de über die Eingabe des Lösungscodes abgerufen werden.

Kl A:

1. Welche der folgenden Matrizen sind invertierbar?

$$\mathcal{A}=\begin{pmatrix}7&2&-1&5\\0&1&6&3\\0&0&0&2\\0&0&0&5\end{pmatrix},\mathcal{B}=\begin{pmatrix}2&-1\\5&-2\\6&1\end{pmatrix},\mathcal{C}=\begin{pmatrix}7&4&-1\\4&7&-1\\-4&-4&4\end{pmatrix}$$

$$\mathcal{D}=\begin{pmatrix}-5\end{pmatrix},\mathcal{F}=\begin{pmatrix}7&4&-1&5\end{pmatrix},\mathcal{G}=\begin{pmatrix}2&-1\\4&-2\end{pmatrix}$$

(Lösungscode: SB02IN0A001)

2. Bestimmen Sie die Inverse zu

$$\mathcal{A}=\begin{pmatrix}1&4&-2\\0&1&0\\0&3&1\end{pmatrix}$$

(Lösungscode: SB02IN0A002)

3. Bestimmen Sie die Inverse zu

$$\mathcal{A}=\begin{pmatrix}3&0&7\\0&1&0\\7&0&3\end{pmatrix}$$

(Lösungscode: SB02IN0A003)

4. Invertieren Sie die folgenden Matrizen

$$\mathcal{A}=\begin{pmatrix}0.25\end{pmatrix},\mathcal{B}=\begin{pmatrix}1&2\\3&4\end{pmatrix},\mathcal{C}=\begin{pmatrix}7&4&-1\\4&7&-1\\-4&-4&4\end{pmatrix}$$

$$\mathcal{D}=\begin{pmatrix}1&0&0&0\\0&2&0&0\\0&0&3&0\\0&0&0&4\end{pmatrix},\mathcal{F}=\begin{pmatrix}0&0&0&4\\0&0&3&0\\0&2&0&0\\1&0&0&0\end{pmatrix}$$

(Lösungscode: SB02IN0A004)

Kl B:

1. Lösen Sie die folgenden linearen Gleichungssysteme mit Hilfe der Inversen der jeweiligen Koeffizientenmatrix

   (a)

$$\begin{aligned} x_1 + 2x_2 - 4x_3 &= 5 \\ -x_1 + x_2 + 2x_3 &= 0 \\ x_1 - x_3 &= 5 \end{aligned}$$

(Lösungscode: SB02IN0B001)

   (b) $\mathcal{A} \cdot \vec{x} = \vec{b}_i$, $(i = 1, 2)$, mit

$$\mathcal{A} = \begin{pmatrix} 3 & 4 \\ -1 & 3 \end{pmatrix}, \ \vec{x} = \begin{pmatrix} a \\ b \end{pmatrix}, \ \vec{b}_1 = \begin{pmatrix} 2 \\ 0 \end{pmatrix}, \ \vec{b}_2 = \begin{pmatrix} 1 \\ 1 \end{pmatrix}$$

(Lösungscode: SB02IN0B002)

2. Zeigen Sie, dass die folgenden Beziehungen zwischen den Elementarmatrizen gelten:

$$\begin{aligned} \mathcal{S}_{ij}(\lambda) &= \mathcal{M}_j\left(\frac{1}{\lambda}\right) \cdot \mathcal{S}_{ij}(1) \cdot \mathcal{M}_j(\lambda) \\ \mathcal{V}_{ij} &= \mathcal{S}_{ji}(1) \cdot \mathcal{S}_{ij}(-1) \cdot \mathcal{S}_{ji}(1) \cdot M_j(-1) \end{aligned}$$

(Lösungscode: SB02IN0B003)

3. Sei

$$\mathcal{A} = \begin{pmatrix} 3 & 0 & 0 & -6 & 9 \\ 0 & 0 & -2 & -8 & 2 \\ 1 & 0 & 1 & 2 & 2 \end{pmatrix} \in M(3 \times 5, \mathbb{R})$$

   Finden Sie eine Matrix $\mathcal{B} \in M(3 \times 3, \mathbb{R})$ mit Hilfe von Elementarmatrizen so, dass $\mathcal{B} \cdot \mathcal{A}$ Zeilen-Stufenform besitzt. Ist $\mathcal{B}$ regulär?

(Lösungscode: SB02IN0B004)

Kl C:

1. Sei $\mathcal{A} \in GL(n)$ eine symmetrische Matrix. Ist die Inverse von $\mathcal{A}$ wieder symmetrisch? (Begründen Sie Ihre Antwort.)

   (Lösungscode: SB02IN0C001)

2. Folgt aus der Invertierbarkeit einer Matrix $\mathcal{A} \in M(n \times n; \mathbb{R})$ auch die Invertierbarkeit der transponierten Matrix $\mathcal{A}^T$?

   (Lösungscode: SB02IN0C002)

3. Eine Matrix $\mathcal{A} \in M(n \times n, \mathbb{R})$ nennt man orthogonal, wenn gilt

   $$\mathcal{A}^{-1} = \mathcal{A}^T$$

   Von einer Matrix $\mathcal{A} \in M(3 \times 3, \mathbb{R})$ seien folgende Einträge bekannt

   $$\mathcal{A} = \begin{pmatrix} \frac{1}{2} & * & \frac{1}{\sqrt{2}} \\ \frac{1}{2} & -\frac{1}{2} & * \\ * & \frac{1}{\sqrt{2}} & * \end{pmatrix}$$

   Man bestimme die Komponenten $*$ derart, dass $\mathcal{A}$ orthogonal wird.

   (Lösungscode: SB02IN0C003)

4. Berechnen Sie alle Potenzen $\mathcal{A}_i^n$, $i = 1, 2$, $n \in \mathbb{Z}$, der folgenden Matrizen

   (a)

   $$\mathcal{A}_1 = \begin{pmatrix} -1 & 1 \\ -1 & 0 \end{pmatrix}$$

   (Lösungscode: SB02IN0C004)

   (b)

   $$\mathcal{A}_2 = \begin{pmatrix} 1 & 1 & 0 \\ 0 & 1 & 1 \\ 0 & 0 & 1 \end{pmatrix}$$

   (Lösungscode: SB02IN0C005)

Kl D:

1. Beweisen Sie Satz 4.3.2.

(Lösungscode: SB02IN0D001)

2. Man betrachte die Menge D der Matrizen $\mathcal{A} \in M(2 \times 2, \mathbb{R})$ mit

$$\mathcal{A} = \begin{pmatrix} \sigma & -\varepsilon \\ \varepsilon & \sigma \end{pmatrix}, \quad \sigma, \varepsilon \in \mathbb{R}$$

   (a) Zeigen Sie, dass die Menge D zusammen mit der üblichen Addition und Multiplikation von Matrizen einen Körper bildet.

   (Lösungscode: SB02IN0D002)

   (b) Zeigen Sie, dass es eine Teilmenge von D gibt, welche isomorph zu $\mathbb{R}$ ist und selber einen Körper bildet.

   (Lösungscode: SB02IN0D003)

   (c) Bestimmen Sie ein Element $\mathcal{I} \in D$, mit $\mathcal{I}^2 = -\mathcal{E}_2$.

   (Lösungscode: SB02IN0D004)

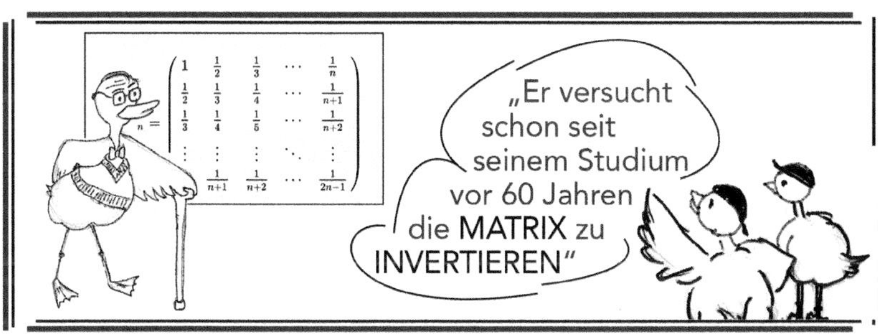

5. Darstellungen linearer Abbildungen und Anwendungen

If A equals success, then the formula is A equals X plus Y plus Z.
X is work. Y is play. Z is keep your mouth shut.

Albert Einstein (1879-1954)

In diesem Abschnitt wollen wir die Untersuchung über lineare Abbildungen und deren Zusammenhang mit Matrizen fortsetzen. Wir werden sehen, dass eine bijektive Beziehung zwischen $m \times n$-Matrizen einerseits und den linearen Abbildungen zwischen n und m dimensionalen Vektorräumen andererseits besteht. Dabei wird sich zeigen, dass allgemeine n-dimensionale Vektorräume im Grunde nichts anderes als einen $\mathbb{K}^n$ bilden. Die darstellende Matrix einer linearen Abbildung hängt von den zugrundeliegenden Basen ab. Deshalb ist es nur natürlich, den Einfluss eines Basiswechsels zu untersuchen. Einige Beispiele aus der Anschauung runden das Kapitel ab.

5.1 Matrizen als lineare Abbildungen

Wie wir bereits wissen, ist die Darstellung von linearen Abbildungen,

$$\text{z. B. } T : V \longrightarrow W$$

zwischen endlich dimensionalen Vektorräumen V und W durch Matrizen möglich (siehe (3.7)).

G. Schlüchtermann und N. Mahnke, *Basiswissen Ingenieurmathematik Band 2*,
https://doi.org/10.1007/978-3-658-38482-1_5

Wir wollen im Folgenden eine solche Abbildung T betrachten und legen für die Dimensionen der Vektorräume V und W fest:

$$\dim(V) = n \quad \text{und} \quad \dim(W) = m \quad (m, n \in \mathbb{N})$$

Dann gibt es bekanntlich Basen $\vec{b}_1, \ldots \vec{b}_n \in V$ und $\vec{d}_1, \ldots, \vec{d}_m \in W$. Wie aus dem Abschnitt 3.1 bekannt, kann man zu jedem $\vec{v} \in V$ und $\vec{w} \in W$ Vektordarstellungen gemäß

$$\vec{v} = (v_1, \ldots, v_n)^T \in \mathbb{K}^n \quad \text{und} \quad \vec{w} = (w_1, \ldots, w_n)^T \in \mathbb{K}^m,$$

finden, so dass die Komponenten der Vektoren die Faktoren in den Linearkombinationen der Basisvektoren darstellen und es folgt[1]

$$\vec{v} = \sum_{i=1}^{n} v_i \vec{e}_i \text{ und } \vec{w} = \sum_{j=1}^{m} w_j \vec{d}_j \tag{5.1}$$

Betrachtet man die Zuordnung $\vec{v} \mapsto (v_1, \ldots, v_n)^T \in \mathbb{K}^n$, so legt diese einen Isomorphismus von V in den $\mathbb{K}^n$ fest, welchen wir wie folgt bezeichnen wollen

$$I_V : V \longrightarrow \mathbb{K}^n \tag{5.2}$$

Analog legt die Zuordnung $\vec{w} \mapsto (w_1, \ldots, w_n)^T \in \mathbb{K}^m$ einen Isomorphismus

$$I_W : W \longrightarrow \mathbb{K}^m \tag{5.3}$$

fest.

Man kann also sagen, dass in einem endlich dimensionalen $\mathbb{K}$-Vektorraum mit festgelegter Basis jeder Vektor durch entsprechende Koordinaten eindeutig bestimmt ist (vgl. auch Abschnitt 2.2.2).

Gleichzeitig definiert jede Matrix $\mathcal{A} \in M(m \times n, \mathbb{K})$ eine lineare Abbildung

$$T_{\mathcal{A}} : \mathbb{K}^n \longrightarrow \mathbb{K}^m$$

Wobei man jeweils auf dem $\mathbb{K}^n$ bzw. $\mathbb{K}^m$ die kanonische Basis zugrunde legt.

Sei zum Beispiel $\vec{x} = (\xi_1, \ldots, \xi_n)^T \in \mathbb{K}^n$. Dann ist $\mathcal{A} \cdot \vec{x} \in \mathbb{K}^m$:

$$\mathcal{A} \cdot \vec{x} = \begin{pmatrix} a_{11} & \ldots & a_{1n} \\ \vdots & \ddots & \vdots \\ a_{m1} & \ldots & a_{mn} \end{pmatrix} \cdot \begin{pmatrix} \xi_1 \\ \vdots \\ \xi_n \end{pmatrix} = \begin{pmatrix} \sum_{j=1}^{n} a_{1j}\xi_j \\ \vdots \\ \sum_{j=1}^{n} a_{mj}\xi_j \end{pmatrix} \tag{5.4}$$

[1] vgl (3.5) und (3.7)

Wie formuliert sich nun die Matrix $\mathcal{A}$ der linearen Abbildung bezüglich der Basen der beteiligten Vektorräume V und W?

Zur Beantwortung der gestellten Frage wählen wir eine Matrix

$$\mathcal{A} = (\alpha_{ij})_{m,n} \in M(m \times n, \mathbb{K})$$

und eine Basis $\mathcal{B}_V = \{\vec{b}_1, \ldots, \vec{b}_n\}$ von V. Sei nun ein beliebiger Vektor

$$\vec{x} = \sum_{j=1}^{n} \xi_j \vec{b}_j = (\xi_1, \ldots, \xi_n)^T \in V$$

gegeben, mit den Komponenten $\xi_1, \ldots, \xi_n$, so bedeutet die Abbildung durch $\mathcal{A}$ nach (5.4)

$$\mathcal{A} \cdot \vec{x} = \mathcal{A} \cdot (\xi_1, \ldots, \xi_n)^T = \sum_{i=1}^{m} \left(\sum_{j=1}^{n} \alpha_{ij} \xi_j \right) \vec{d}_i$$

wobei $\mathcal{B}_W = \{\vec{d}_1, \ldots, \vec{d}_m\}$ eine Basis von W ist. Damit haben wir durch $\mathcal{A}$ eine lineare Abbildung $T_{\mathcal{A}} : V \longrightarrow W$ definiert.

Somit lässt sich bei Festlegung der Basen in den endlich dimensionalen Vektorräumen V und W immer ein Isomorphismus definieren.

Satz 5.1.1.
Seien V und W $\mathbb{K}$-Vektorräume, mit $\dim(V) = n$ *und* $\dim(W) = m$. *Dann gibt es einen Isomorphismus* [2]

$$\mathcal{I} : M(m \times n, \mathbb{K}) \longrightarrow Hom_{\mathbb{K}}(V, W)$$

Satz 5.1.1 lässt sich auch wie folgt formulieren. Zu jeder $m \times n$-Matrix mit Komponenten aus $\mathbb{K}$ existiert genau eine lineare Abbildung zwischen den $\mathbb{K}$-Vektorräumen V und W, mit $\dim(V) = n$ und $\dim(W) = m$, von V nach W und umgekehrt. Betrachten wir die Gleichung zu einer vorgegebenen Matrix $\mathcal{A} \in M(m \times n, \mathbb{K})$

$$\mathcal{A} \cdot \vec{x} = \vec{y} \tag{5.5}$$

wobei $\vec{x} \in V$ der so genannte *Ursprungsvektor* und $\vec{y} \in W$ der *Bildvektor* sind.

[2] Im Gegensatz zu $Hom(V, W)$ unterstreicht $Hom_{\mathbb{K}}(V, W)$, dass sich die Homomorphismen auf $\mathbb{K}$-Vektorräume beziehen.

Dann haben wir nach Auswahl der Basen $\mathcal{B}_V = \{\vec{b}_1, \ldots \vec{b}_n\}$ und $\mathcal{B}_W = \{\vec{d}_1, \ldots \vec{d}_m\}$ durch (5.5) eine lineare Abbildung erklärt. Wenn man nun speziell $\vec{b}_j$ für $\vec{x}$ einsetzt, dann erhält man mit der Koordinatendarstellung von $\vec{b}_j$

$$\vec{b}_j = (0, \ldots, 0, 1, 0, \ldots, 0)^T \quad [1 \text{ an der } j\text{-ten Stelle}]$$

aus dem Produkt $\mathcal{A} \cdot \vec{b}_j$ die Koordinaten des Abbildes von $\vec{b}_j$ in W:

$$\mathcal{A} \cdot \vec{b}_j = \mathcal{A} \cdot (0, \ldots, 0, 1, 0, \ldots, 0)^T = (\alpha_{1j}, \alpha_{2j}, \ldots, \alpha_{mj})^T. \tag{5.6}$$

Damit lässt sich festhalten:

Das Bild des j-ten Basisvektors ist die
j-Spalte der Abbildungsmatrix $\mathcal{A}$. (5.7)

Bemerkung 5.1.1.
Die Matrix $\mathcal{A}$ in (5.5) besteht als Darstellung der linearen Abbildung zwischen V und W in ihren Spalten aus den Komponenten der Bilder der Basisvektoren $\vec{b}_1, \ldots, \vec{b}_n$.

Im Folgenden wollen wir den Zusammenhang zwischen Matrizen und linearen Abbildungen zwischen endlichdimensionalen $\mathbb{K}$-Vektorräumen anhand von drei Beispielen näher betrachten.

Im ersten Beispiel werden wir eine lineare Abbildung, die aus der Anschauung im Fall $V = W = \mathbb{R}^2$ bekannt ist, durch die Konstruktion einer Matrix $\mathcal{A}$ beschreiben.

Beispiel 5.1.1. *(Achsenspiegelung)*
Wir geben uns eine Spiegelachse vor, gegeben durch die Geradengleichung

$$y(x) = m \cdot x \tag{5.8}$$

Da wir eine lineare Abbildung beschreiben wollen, ist der Ordinatenabschnitt [3] *in (5.8) natürlich Null.*
Bezeichnen wir mit $\alpha \in]-\frac{\pi}{2}, \frac{\pi}{2}]$ den Steigungswinkel zum positiven Abschnitt der Abszisse [4]*, so gilt $m = \tan(\alpha)$ oder $\alpha = \arctan(m)$.*
Die Basis des Vektorraums $V = \mathbb{R}^2$ sei die Basis der kanonischen Einheitsvektoren

$$\vec{e}_1 = (1, 0)^T, \; \vec{e}_2 = (0, 1)^T$$

[3] In der schulischen Ausbildung wird als Synonym für den Ordinatenabschnitt oft unzulässig der Begriff des y-Achsenabschnitts verwendet.

[4] In der schulischen Ausbildung wird als Synonym für die Abszisse oft unzulässig der Begriff der x-Achse verwendet.

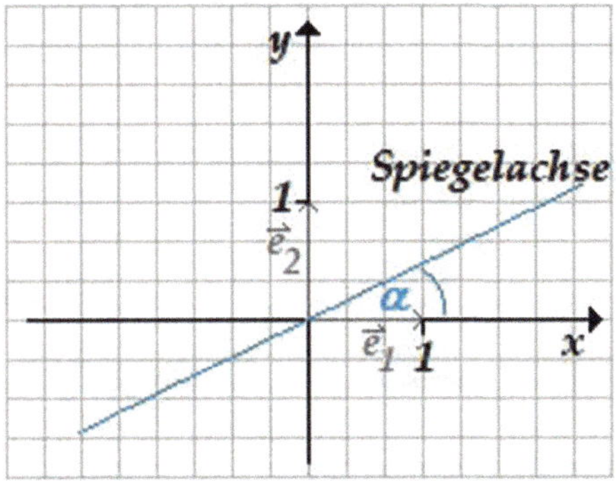

Abbildung 5.1: Spiegelachse im $\mathbb{R}^2$

Nun gehen wir aus der Anschauung vor: Um die Spiegelung zu beschreiben, führen wir ein neues Koordinatensystem ein. Die zum neuen Koordinatensystem gehörenden Basisvektoren von $W = \mathbb{R}^2$ *sind gegeben durch die Vektoren* $\vec{w}_1$ *und* $\vec{w}_2$. $\vec{w}_1$ *weist in Richtung der Spiegelachse mit* $|\vec{w}_1| = 1$.

Damit lässt sich $\vec{w}_1$ *in der kanonischen Basis wie folgt ausdrücken*

$$\vec{w}_1 = (\cos(\alpha), \sin(\alpha))^T$$

Der Vektor, der senkrecht auf der Richtung von $\vec{w}_1$ *steht und im mathematisch positiven Sinne gedreht ist, lautet*

$$\vec{w}_1^* = \left(\cos\left(\alpha + \frac{\pi}{2}\right), \sin\left(\alpha + \frac{\pi}{2}\right)\right)^T = (-\sin(\alpha), \cos(\alpha))^T$$

Um die Achsenspiegelung zu erzeugen, benötigt man jetzt die Spiegelung von $\vec{w}_1^*$ *an der gegebenen Spiegelachse und erhält den gesuchten zweiten Basisvektor*

$$\vec{w}_2 = (\sin(\alpha), -\cos(\alpha))^T$$

Somit wird bei der Achsenspiegelung $\vec{e}_1$ *auf* $\vec{w}_1$ *und* $\vec{e}_2$ *auf* $\vec{w}_2$ *abgebildet. Die Matrix, welche die lineare Abbildung der Spiegelung an der Achse* $y(x) = m \cdot x$ *darstellt, lautet damit:*

$$\mathcal{A} = \begin{pmatrix} \cos(\alpha) & \sin(\alpha) \\ \sin(\alpha) & -\cos(\alpha) \end{pmatrix}$$

Im zweiten Beispiel geben wir uns eine Matrix vor und wollen herausfinden, welche elementargeometrische Abbildung durch die Matrix ausgedrückt wird.

Beispiel 5.1.2.
Gegeben sei die 2×2*-Matrix*

$$\mathcal{A} = \begin{pmatrix} \cos(\varphi) & -\sin(\varphi) \\ \sin(\varphi) & \cos(\varphi) \end{pmatrix}, \text{ mit } \varphi \in]0, \pi[\tag{5.9}$$

Um die Wirkung von $\mathcal{A}$ *auf einen Vektor* $\vec{x} \in \mathbb{R}^2$ *zu verstehen, betrachten wir zuerst den Effekt, welchen die Multiplikation von links mit* $\mathcal{A}$ *auf die kanonischen Einheitsvektoren hat:*

$$\vec{e}_1 = \begin{pmatrix} 1 \\ 0 \end{pmatrix}, \vec{e}_2 = \begin{pmatrix} 0 \\ 1 \end{pmatrix}$$

Wir erhalten die folgenden Bilder:

$$\vec{w}_1 = \mathcal{A} \cdot \vec{e}_1 = \begin{pmatrix} \cos(\varphi) \\ \sin(\varphi) \end{pmatrix}, \vec{w}_2 = \mathcal{A} \cdot \vec{e}_2 = \begin{pmatrix} -\sin(\varphi) \\ \cos(\varphi) \end{pmatrix}$$

Die Matrix $\mathcal{A}$ *vermittelt eine Drehung um den Winkel* φ*.*

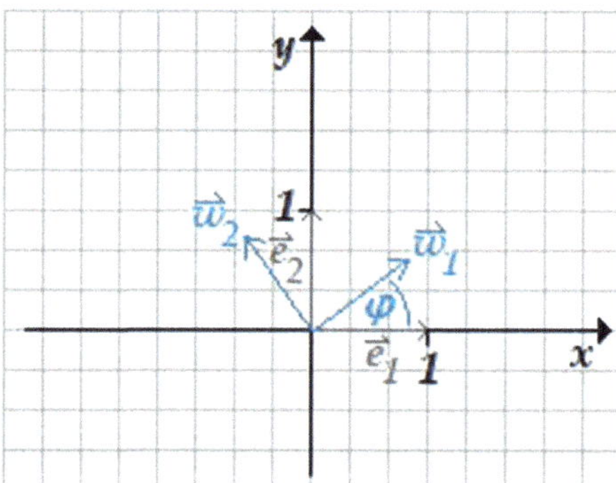

Abbildung 5.2: Rotation im $\mathbb{R}^2$

Somit wird ein beliebiger Vektor $\vec{x} = (x_1, x_2)^T$ *auf einen Vektor* $\vec{y}$ *abgebildet (*$\vec{x}$ *gedreht um* φ*):*

$$\begin{aligned} \vec{y} &= \mathcal{A} \cdot \vec{x} \\ &= x_1 \cdot \mathcal{A} \cdot \vec{e}_1 + x_2 \cdot \mathcal{A} \cdot \vec{e}_2 \\ &= (x_1 \cos(\varphi) - x_2 \sin(\varphi), x_1 \sin(\varphi) + x_2 \cos(\varphi))^T \end{aligned}$$

Im dritten Beispiel betrachten wir noch eine Abbildung im $\mathbb{R}^3$, welche insbesondere im CAD[5] ihre Bedeutung hat.

Beispiel 5.1.3.
Überträgt man die Matrix der Drehung (5.9) in den $\mathbb{R}^3$, so dass sie eine Drehung in der (x_1, x_2)-Ebene um die x_3-Achse mit dem Drehwinkel φ beschreibt, ergibt sich die folgende Matrix

$$\mathcal{A}_1 = \begin{pmatrix} \cos(\varphi) & -\sin(\varphi) & 0 \\ \sin(\varphi) & \cos(\varphi) & 0 \\ 0 & 0 & 1 \end{pmatrix}$$

Betrachtet man eine weitere Drehung um den Winkel ψ, in der (x_2, x_3)-Ebene um die x_1-Achse, so wird diese beschrieben durch die Matrix

$$\mathcal{A}_2 = \begin{pmatrix} 1 & 0 & 0 \\ 0 & \cos\psi & -\sin\psi \\ 0 & \sin\psi & \cos\psi \end{pmatrix}$$

Möchte man erst eine Drehung um den Winkel φ um die x_3-Achse vollführen und anschließend eine Drehung um den Winkel ψ um die x_1-Achse, so betrachtet man die zusammengesetzte Abbildung $\mathcal{A}$, die angewendet auf einen Vektor $\vec{x}$ dargestellt wird durch:

$$\mathcal{A} \cdot \vec{x} = (\mathcal{A}_2 \cdot \mathcal{A}_1) \cdot \vec{x}$$

Dabei ist die Matrix $\mathcal{A}$ wie folgt gegeben

$$\begin{aligned} \mathcal{A} &= \begin{pmatrix} 1 & 0 & 0 \\ 0 & \cos(\psi) & -\sin(\psi) \\ 0 & \sin(\psi) & \cos(\psi) \end{pmatrix} \cdot \begin{pmatrix} \cos(\varphi) & -\sin(\varphi) & 0 \\ \sin(\varphi) & \cos(\varphi) & 0 \\ 0 & 0 & 1 \end{pmatrix} \\ &= \begin{pmatrix} \cos(\varphi) & -\sin(\varphi) & 0 \\ \cos(\psi)\sin(\varphi) & \cos(\psi)\cos(\varphi) & -\sin(\psi) \\ \sin(\psi)\cos(\varphi) & \sin(\psi)\cos(\varphi) & \cos(\psi) \end{pmatrix} \end{aligned}$$

Ist die Matrix $\mathcal{A}$ bestimmt, ist es ein leichtes auch die Seitenansicht eines Vektors, z. B. in der (y_2, y_3)- Ebene, zu erzeugen:

$$\begin{pmatrix} y_2 \\ y_3 \end{pmatrix} = \begin{pmatrix} \cos\psi\sin(\varphi) & -\cos\psi\cos(\varphi) & -\sin\psi \\ \sin\psi\cos(\varphi) & \sin\psi\cos(\varphi) & \cos(\varphi) \end{pmatrix} \cdot \begin{pmatrix} x_1 \\ x_2 \\ x_3 \end{pmatrix}$$

[5]CAD: Computer Aided Design

5.2 Basiswechsel

Da prinzipiell jeder Mensch sich selber als Ursprung seiner Weltsicht versteht[6] und in physikalischen sowie technischen Formulierungen kein allgemein verbindliches Koordinatensystem existiert, wird es oft notwendig, zwischen verschiedenen Koordinatensystemem und damit zwischen verschiedenen Basen zur Beschreibung der Welt (einem $\mathbb{K}$-Vektorraum), wechseln zu können. Auch ein solcher Basiswechsel innerhalb eines Vektorraums wird durch eine lineare Abbildung vermittelt.

Wie sieht die darstellende Matrix aus, wenn man einen Basiswechsel vornimmt? Zur Bestimmung der gesuchten Matrix betrachten wir $V = \mathbb{K}^n$. Wir beginnen mit zwei Basen von V, einer Basis $\mathcal{B}_V = \{\vec{b}_1, \ldots, \vec{b}_n\}$ und einer weiteren Basis $\mathcal{B}'_V = \{\vec{b}'_1, \ldots, \vec{b}'_n\}$.

Man kann die Basis $\mathcal{B}'_V$ durch die $\mathcal{B}_V$ ausdrücken, genauer:

$$\vec{b}'_j = \sum_{i=1}^{n} \alpha_{ij} \vec{b}_i \quad \text{für } j = 1, \ldots, n \tag{5.10}$$

Gleichung (5.10) definiert als lineare Abbildung einen Isomorphismus

$$I_V : V \longrightarrow V$$

welcher die Basisdarstellung mit $\mathcal{B}_V$ auf die mittels $\mathcal{B}'_V$ abbildet.

Nach (5.7) gibt es eine Matrix $\mathcal{C} \in M(n \times n; \mathbb{K})$ (die Matrix des Basiswechsels), welche die lineare Abbildung I_V darstellt:

Zum Aufstellen von $\mathcal{C}$ bilden wir für $j = 1, \ldots, n$ jeweils den Spaltenvektor $\vec{a}^{(j)} = (\alpha_{1j}, \ldots, \alpha_{nj})^T$, der Koeffizienten aus (5.10).

Die gesuchte Matrix $\mathcal{C}$ wird dann aus den Spaltenvektoren aufgebaut:

$$\mathcal{C} = \left(\vec{a}^{(1)} \vec{a}^{(2)} \ldots \vec{a}^{(n)}\right)$$

Da $\mathcal{B}'_V$ eine Basis ist, muss $\mathcal{C}$ invertierbar sein (siehe Satz 4.3.1).

[6] Die Abbildung zwischen individuellen Ansichten einer Welt findet sich insbesondere auch in Online-Multiplayer-Spielen.

Einmal angenommen es existiert eine Matrix $\mathcal{A} \in M(m \times n, \mathbb{K})$ zu einer linearen Abbildung $T_{\mathcal{A}}$ von $V = \mathbb{K}^n$ nach $W = \mathbb{K}^m$

$$T_{\mathcal{A}} : V \longrightarrow W$$

mit den Basen $\mathcal{B}'_V$ von V und $\mathcal{B}_W$ von W. Dann lässt sich der Basiswechsel in V der linearen Abbildung voranstellen

$$T_{\mathcal{A}} \circ I_V \equiv \mathcal{A} \cdot \mathcal{C} \tag{5.11}$$

und man erhält die lineare Abbildung $T_{\mathcal{B}} = T_{\mathcal{A}} \circ \mathcal{C}$, mit $T_{\mathcal{B}} : V \to W$, jetzt aber in den Basen $\mathcal{B}_V$ und $\mathcal{B}_W$.
Ginge man zusätzlich noch in W zu einer neuen Basis $\mathcal{B}'_W$ über, vermittelt durch eine Matrix $\mathcal{C}_W \in M(m \times m, \mathbb{K})$ bzw. durch eine lineare Abbildung I_W, welche den Basiswechsel von $\mathcal{B}_W$ nach $\mathcal{B}'_W$ darstellt, so ergibt sich für die Abbildung $T_{\mathcal{A}} : V \longrightarrow W$ in den Basen $\mathcal{B}_V$ und $\mathcal{B}'_W$ als darstellende $m \times n$-Matrix

$$I_W \circ T_{\mathcal{A}} \circ I_V \equiv \mathcal{C}_W \cdot \mathcal{A} \cdot \mathcal{C} \tag{5.12}$$

Damit können lineare Abbildungen im Bezug auf verschiedene Basen (Koordinatensysteme) dargestellt werden.

Im folgenden Abschnitt werden wir noch der Frage nachgehen, ob ein Basiswechsel Auswirkungen auf den Rang der Matrix zu einer linearen Abbildung zwischen $\mathbb{K}$-Vektorräumen haben kann.

Dimension des Bildes

Wir werden uns noch mit der Dimension des Bildes einer linearen Abbildung und dem Rang der zugehörenden Matrix beschäftigen.
Seien V und W $\mathbb{K}$-Vektorräume ($\dim(V) = n$, $\dim(W) = m$) und eine lineare Abbildung $T : V \longrightarrow W$ gegeben.
Betrachten wir also den Unterraum $\operatorname{Im}(T) \subseteq W$. Dann besitzt dieser die Dimension

$$k = \dim(\operatorname{Im}(T)) \leq m = \dim(W)$$

Somit existiert eine Basis $\{\vec{w}_1, \ldots, \vec{w}_k\}$ von $\operatorname{Im}(T)$, zu der es Vektoren $\vec{w}_{k+1}, \ldots, \vec{w}_m \in W \setminus \operatorname{Im}(T)$ geben muss, als Erweiterung zu einer Basis $\mathcal{B}_W = \{\vec{w}_1, \ldots, \vec{w}_m\}$ von W.
Weiter seien $\mathcal{B}_V = \{\vec{v}_1, \ldots, \vec{v}_n\}$ eine Basis von V und $\mathcal{A}_T$ die T-darstellende Matrix bezüglich der Basen $\mathcal{B}_V$ und $\mathcal{B}_W$.

Wie wir aus (5.7) wissen, bilden die einzelnen Spalten $\vec{a}^{(1)}, \ldots, \vec{a}^{(n)}$ von $\mathcal{A}_T$ die Bilder der Basisvektoren $\vec{v}_1, \ldots, \vec{v}_n$ und es gilt für das Bild des Basisvektors $\vec{v}_j$ unter der linearen Abbildung T in der Basis $\mathcal{B}_W$:

$$T(\vec{v}_j) = (\vec{w}_1, \ldots, \vec{w}_m) \cdot \vec{a}^{(j)} = \sum_{i=1}^{m} a_{ij}\vec{w}_i$$

Die Dimension des Raumes

$$\mathrm{Im}(T) = \mathrm{span}(T(\vec{v}_1), \ldots, T(\vec{v}_n))$$

ist mit der Dimension von $\mathrm{span}(\vec{a}^{(1)}, \ldots, \vec{a}^{(n)})$ in $W = \mathbb{K}^m$ identisch. Diese Dimension ist aber genau der Rang der Matrix $\mathcal{A}_T$. Also können wir folgenden Satz formulieren

Satz 5.2.1.
Gegeben seien zwei endlich dimensionale $\mathbb{K}$-Vektorräume V, W und $T \in Hom_{\mathbb{K}}(V, W)$. Weiter sei $\mathcal{A}_T$ die darstellende Matrix von T bzgl. der Basen $\mathcal{B}_V$ und $\mathcal{B}_W$. Dann gilt

$$\dim(Im(T)) = rg(\mathcal{A}_T) \ \ und \ \dim Ker(T) = n - rg(\mathcal{A}_T)$$

Man definiert damit den **Rang der linearen Abbildung** *T durch den Rang der ihr zugeordneten Matrix $\mathcal{A}_T$ und schreibt hierfür*

$$rg(T) = rg(\mathcal{A}_T)$$

Satz 5.2.2. *Der Rang einer lineare Abbildung $T : V \to W$ ist unabhängig von den Basen der beteiligten $\mathbb{K}$-Vektorräume V und W.*

Wenn man also in V oder W die Basen ändert, ändert sich auch die T-darstellende Matrix $\mathcal{A}_T$. Da aber die Dimension von $\mathrm{Im}(T)$ unabhängig von der Wahl der Basen ist , bleibt auch der Rang der Matrix $\mathcal{A}_T$ immer gleich. Deshalb ist die Definition des Rangs einer linearen Abbildung auch von der darstellenden Matrix unabhängig. □

5.2.1 Kurzaufgaben zum Verständnis

1. Gegeben sei eine Abbildung $f : \mathbb{R}^2 \longrightarrow \mathbb{R}^2$. Man betrachte die Eigenschaften:

$$f(\vec{x} + \vec{y}) = f(\vec{x}) + f(\vec{y}) \tag{5.13}$$

und

$$f(\lambda\vec{x}) = \lambda f(\vec{x}), \ \lambda \in \mathbb{R} \tag{5.14}$$

   (a) f habe nicht die Eigenschaft (5.13). Gibt es trotzdem eine Matrix $\mathcal{A} \in M(2 \times 2, \mathbb{R}^2)$, die f bzgl. der kanonischen Basis im $\mathbb{R}^2$ darstellt?

   □ Ja □ Nein □ Kann man nicht entscheiden

   (b) f habe nicht die Eigenschaft (5.14). Gibt es eine Matrix $\mathcal{A} \in M(2 \times 2, \mathbb{R}^2)$, die f bzgl. der kanonischen Basis im $\mathbb{R}^2$ darstellt?

   □ Ja □ Nein □ Kann man nicht entscheiden

2. Ist $\mathcal{A} \in M(2 \times 2, \mathbb{R})$ die darstellende Matrix (bzgl. der kanonischen Basen) einer Drehung im $\mathbb{R}^2$, dann sind die Spaltenvektoren orthogonal zueinander.

   □ Ja □ Nein □ Nicht immer, kommt auf den Drehwinkel an

3. Ist $\mathcal{A} \in M(2 \times 2, \mathbb{R})$ die darstellende Matrix (bzgl. der kanonischen Basen) einer Spiegelung im $\mathbb{R}^2$, dann sind die Spaltenvektoren orthogonal zu einander.

   □ Ja □ Nein □ Nicht immer, kommt auf die Spiegelachse an

4. Man definiere eine rekursiv Folge mit den Anfangswerten $a_0 = 1$, $a_1 = 2$ durch $a_{n+2} = 2a_{n+1} + 3a_n$.
   Setzt man $\vec{a}_n = \begin{pmatrix} a_{n+1} \\ a_n \end{pmatrix}$, so kann man $\vec{a}_{n+1} = \mathcal{A} \cdot \vec{a}_n$ mit einer 2×2-Matrix $\mathcal{A}$ schreiben, die gegeben ist durch

   □ $\begin{pmatrix} 2 & 3 \\ 1 & 0 \end{pmatrix}$ □ $\begin{pmatrix} 2 & 3 \\ 0 & 1 \end{pmatrix}$ □ $\begin{pmatrix} 1 & 0 \\ 2 & 3 \end{pmatrix}$

5.2.2 Übungen

Lösungsvideos zu den Übungen können auf www.lsgn24h.de über die Eingabe des Lösungscodes abgerufen werden.

Kl A:

1. Betrachten Sie die folgende Abbildung $F : \mathbb{R}^4 \longrightarrow \mathbb{R}^4$ mit $\vec{x} = (x_1, x_2, x_3, x_4) \in \mathbb{R}^4$ und

$$F(\vec{x}\,) = (x_3 - x_2, 2x_2 - 2x_3, 2x_4 + x_1 + x_2 + x_3, 2x_1 - x_4 - x_2)$$

   (a) Entscheiden Sie (mit Begründung), ob F linear ist.

   (Lösungscode: SB02LM0A001)

   (b) Falls F linear ist, geben Sie eine Matrix $\mathcal{A} \in M(4 \times 4, \mathbb{R})$ an, welche F bzgl. der kanonischen Basen in $\mathbb{R}^4$ darstellt.

   (Lösungscode: SB02LM0A002)

2. Welche Dimension haben Kern und Bild der folgenden linearen Abbildung $\varphi : \mathbb{R}^2 \longrightarrow \mathbb{R}^2$ mit

$$\begin{pmatrix} a_1 \\ a_2 \end{pmatrix} \longmapsto \begin{pmatrix} a_1 + a_2 \\ a_1 + a_2 \end{pmatrix}$$

   (Lösungscode: SB02LM0A003)

3. Gegeben seien die Vektoren

$$\vec{v}_1 = (8,3)^T, \vec{v}_2 = (2,5)^T, \vec{w}_1 = (2,1)^T, \vec{w}_2 = (3,1)^T$$

   In der kanonischen Basis von $V = \mathbb{R}^2$, sei die lineare Abbildung $T : V \longrightarrow V$ durch die folgende Matrix gegeben:

$$\mathcal{A}_T = \begin{pmatrix} 3 & -4 \\ -4 & -2 \end{pmatrix}$$

   (a) Zeigen Sie, dass $\mathcal{B}_V = \{\vec{v}_1, \vec{v}_2\}$ wie auch $\mathcal{B}'_V = \{\vec{w}_1, \vec{w}_2\}$ Basen von $\mathbb{R}^2$ sind.

   (Lösungscode: SB02LM0A004)

   (b) Geben Sie die darstellende Matrix der lineare Abbildung T in den Basen $\mathcal{B}_V$ und $\mathcal{B}'_V$ an.

   (Lösungscode: SB02LM0A005)

Kl B:

1. Seien V, W endlich dimensionale Vektorräume mit $\dim(V) = \dim(W)$ und $T : V \longrightarrow W$ eine lineare Abbildung. Zeigen Sie, dass die folgenden Eigenschaften äquivalent sind:

   (a) T ist injektiv.

   (b) T ist surjektiv.

   (c) T ist bijektiv.

   (Lösungscode: SB02LM0B001)

2. Für eine lineare Abbildung $\varphi : \mathbb{R}^n \longrightarrow \mathbb{R}^n$ ist

$$\operatorname{Ker}(\varphi) = \left\{ x \in \mathbb{R}^n ; \varphi(x) = \vec{0} \right\} \subset \mathbb{R}^n$$

   Sei nun die lineare Abbildung $\varphi : \mathbb{R}^4 \longrightarrow \mathbb{R}^4$, gegeben durch die Matrix

$$\mathcal{A} = \begin{pmatrix} 3 & 1 & 1 & -1 \\ 1 & 3 & -1 & 1 \\ 1 & -1 & 3 & 1 \\ -1 & 1 & 1 & 3 \end{pmatrix}$$

   Gegeben seien weiterhin die Vektoren

$$\vec{a} = \begin{pmatrix} 1 \\ 1 \\ 1 \\ 1 \end{pmatrix}, \vec{b} = \begin{pmatrix} 1 \\ -1 \\ -1 \\ 1 \end{pmatrix} \text{ und } \vec{c} = \begin{pmatrix} 4 \\ 4 \\ 4 \\ 4 \end{pmatrix}$$

   (a) Zeigen Sie, dass $\vec{b} \in \operatorname{Ker}(\varphi)$ und bestimmen Sie $\varphi(\vec{a})$. Ist φ injektiv?

   (Lösungscode: SB02LM0B002)

   (b) Bestimmen Sie $\dim(\operatorname{Ker}(\varphi))$

   (Lösungscode: SB02LM0B003)

   (c) Bestimmen Sie je eine Basis von $\operatorname{Ker}(\varphi)$ und $\operatorname{Im}(\varphi)$.

   (Lösungscode: SB02LM0B004)

   (d) Berechnen Sie die Menge aller Vektoren $\vec{w}$ mit $\varphi(\vec{w}) = \vec{c}$.

   (Lösungscode: SB02LM0B005)

3. (Komplementäre komplexe Zahl) Identifizieren Sie die komplexen Zahlen $\mathbb{C}$ mit dem $\mathbb{R}^2$, gemäß

$$\mathbb{C} \ni z = Re(z) + Im(z)i \longmapsto (Re(z), Im(z)) \in \mathbb{R}^2$$

Stellen Sie die Abbildung

$$\mathbb{C} \ni z \longmapsto \overline{z} \in \mathbb{C}$$

als lineare Abbildung $T : \mathbb{R}^2 \longrightarrow \mathbb{R}^2$ durch Angabe der Matrix dar. Welcher Typ von Homomorphismus liegt vor?

(Lösungscode: SB02LM0B006)

Kl C:

1. (Multiplikation in $\mathbb{C}$) Identifizieren Sie die komplexen Zahlen $\mathbb{C}$ mit dem $\mathbb{R}^2$, gemäß

$$\mathbb{C} \ni z = Re(z) + Im(z)i \longmapsto (Re(z), Im(z)) \in \mathbb{R}^2$$

Sei $z_0 = |z_0|e^{i\varphi} \in \mathbb{C}, |z_0| > 0$. Stellen Sie die Multiplikation in $\mathbb{C}$ mit z_0 als Hintereinanderausführung der linearen Abbildungen Streckung und Drehung im $\mathbb{R}^2$ dar. Geben Sie dabei die jeweiligen Abbildungen mittels Matrizen an.

(Lösungscode: SB02LM0C001)

2. Kann man eine lineare Abbildung $\varphi : \mathbb{R}^2 \longrightarrow \mathbb{R}^2$ finden, so dass φ in folgenden Fällen jeweils linear ist?

(a)

$$\varphi\left(\begin{pmatrix} 1 \\ 3 \end{pmatrix}\right) = \begin{pmatrix} 2 \\ 1 \end{pmatrix}, \varphi\left(\begin{pmatrix} 2 \\ 0 \end{pmatrix}\right) = \begin{pmatrix} 1 \\ 1 \end{pmatrix}$$

$$\varphi\left(\begin{pmatrix} 5 \\ 3 \end{pmatrix}\right) = \begin{pmatrix} 4 \\ 3 \end{pmatrix}$$

(Lösungscode: SB02LM0C002)

(b)

$$\varphi\left(\begin{pmatrix} 2 \\ 3 \end{pmatrix}\right) = \begin{pmatrix} 2 \\ 2 \end{pmatrix}, \varphi\left(\begin{pmatrix} 2 \\ 0 \end{pmatrix}\right) = \begin{pmatrix} 1 \\ 1 \end{pmatrix}$$

$$\varphi\left(\begin{pmatrix} 6 \\ 3 \end{pmatrix}\right) = \begin{pmatrix} 4 \\ 3 \end{pmatrix}$$

(Lösungscode: SB02LM0C003)

Kl D:

1. Zeigen Sie:
   Ist $\mathcal{A} \in M(m \times n, \mathbb{K})$ mit $\text{rg}\,(\mathcal{A}) = k \leq \min(m, n)$ und ist $\mathcal{B} \in M(n \times n, \mathbb{K})$ regulär, so gilt $\text{rg}\,(\mathcal{A} \cdot \mathcal{B}) = k$.

   (Lösungscode: SB02LM0D001)

2. Sei V ein n-dimensionaler $\mathbb{K}$-Vektorraum und $U \subset V$ ein Unterraum, mit $\dim(U) = k$, $1 \leq k \leq n$.

   (a) Finden Sie eine lineare Abbildung $P : V \longrightarrow U$ mit $P(\vec{x}\,) = \vec{x}$ für $\vec{x} \in U$ (Hinweis: Basiserweiterung).

   (Lösungscode: SB02LM0D002)

   (b) Zeigen Sie für P aus (a): $P \cdot P = P$ und $P \cdot (Id - P) = 0$. Man nennt P eine *orthogonale Projektion*. Wann ist P ein Monomorphismus?

   (Lösungscode: SB02LM0D003)

   (c) Geben Sie Basen von V und U und eine darstellende Matrix von P aus (a) an.

   (Lösungscode: SB02LM0D004)

6. Probeklausuren

In diesem letzten Abschnitt präsentieren wir drei Probeklausuren zu den Inhalten dieses Buches. Diese Probeklausuren sollen eine Idee einer möglichen Klausur als Abschlussprüfung einer einsemestrigen Vorlesung darstellen.
Als Abschluss dieses Buches ist es sinnvoll, sich mit Hilfe dieser Probeklausuren selbst zu testen, so dass Sie für sich eine Antwort auf jede der folgenden Fragen finden können:

1. Welchen Anteil der jeweiligen Probeklausur konnte ich in der vorgegebenen Zeit lösen?
2. Welchen Anteil der jeweiligen Probeklausur konnte ich in der vorgegebenen Zeit noch nicht lösen?
3. Welche Informationen fehlten mir, um die Probeklausuren jeweils zu mindestens 70 % korrekt lösen zu können?
4. Lagen meine Schwierigkeiten eher im Bereich der Anwendung der Rechenmethodiken oder im Verständnis der Problemstellungen?
5. Welche Symbole habe ich noch nicht verstanden?
6. Welche Begriffe habe ich noch nicht verstanden?
7. In welchen Rechenmethodiken bin ich noch nicht sattelfest?
8. Welche Kapitel aus dem Buch sollte ich noch einmal wiederholen und durcharbeiten?
9. Welche Verständnisfragen aus dem Buch sollte ich noch einmal durcharbeiten?
10. Welche Übungen sollte ich noch einmal durcharbeiten?

G. Schlüchtermann und N. Mahnke, *Basiswissen Ingenieurmathematik Band 2*,
https://doi.org/10.1007/978-3-658-38482-1_6

Bevor es losgeht, hier noch ein paar Tipps zum Umgang mit den Probeklausuren.

Planen Sie einen festen Zeitraum für die Probeklausuren ein, beginnend mit 10 min Vorbereitungszeit bevor Sie die Probeklausur schreiben und 10 min Nachbereitungszeit nachdem Sie die Probeklausur geschrieben haben. Eliminieren Sie alle möglichen Störungsquellen, um sich über die vorgegebene Bearbeitungszeit ungestört auf die Probeklausur konzentrieren zu können. So können Sie für den Zeitraum z.B. Ihr Smartphone und Ihren Computer ausschalten und für andere ein „Bitte nicht stören" Schild an Ihre Zimmertür hängen. Seien Sie kreativ und Ihren persönlichen Umständen gegenüber angemessen.

Halten Sie Bearbeitungspapier, Stift und Zeichenmaterial bereit.

Es ist auch gut, immer etwas zu trinken griffbereit zu haben (nur nichtalkoholische Getränke) und manchem hat auch schon ein Gehörschutz zur Reduktion von Störgeräuschen geholfen. Es gibt zudem viele Bücher mit guten Tipps für die Klausurvorbereitung in ingenieurwissenschaftlichen Fächern.

Haben Sie sich und Ihre Umgebung gut vorbereitet, dann kann es losgehen. Auf den folgenden Seiten finden Sie die Probeklausuren:

Probeklausur 1

Bearbeitungsdauer : 60min	3 Aufgaben

WICHTIG:
Das Ergebnis allein zählt nicht. Der Rechenweg muß erkennbar sein!

Aufgabe 1
Gegeben sind die folgenden drei Vektoren aus dem $\mathbb{R}^3$

$$\vec{a} = \begin{pmatrix} 3 \\ 0 \\ 1 \end{pmatrix}, \vec{b} = \begin{pmatrix} 1 \\ 1 \\ 4 \end{pmatrix}, \vec{c} = \begin{pmatrix} 4 \\ 1 \\ 1 \end{pmatrix}$$

1. Überprüfen Sie, ob die drei Vektoren linear unabhängig sind.

2. Stellen Sie, wenn möglich, den Vektor

$$\vec{d} = \begin{pmatrix} 3 \\ 3 \\ 8 \end{pmatrix}$$

   als Linearkombination von $\vec{a}, \vec{b}, \vec{c}$ dar.

Aufgabe 2
Betrachten Sie die folgende Menge des $\mathbb{R}^3$.

$$S = \{(1-n, 1-2n, 1-3n)^T; n \in \mathbb{N}_0\}$$

Geben Sie die Dimensionen der linearen Hüllen span(S) mit Begründung an.

Aufgabe 3
Seien $\mathcal{A} \in M(m \times n, \mathbb{R})$ und $\vec{b} \in \mathbb{R}^m$. Zeigen Sie, dass folgende Aussagen äquivalent sind:

1. Der Vektor $\vec{b}$ steht auf dem Lösungsraum $\mathbb{L} = \{\vec{y} \in \mathbb{R}^m; \mathcal{A}^T \cdot \vec{y} = \vec{0}\}$ orthogonal.

2. Das lineare Gleichungssystem $\mathcal{A} \cdot \vec{x} = \vec{b}$ ist in $\mathbb{R}^n$ lösbar, d. h. die Menge $\{\vec{x} \in \mathbb{R}^n; \mathcal{A} \cdot \vec{x} = \vec{b}\}$ ist nicht leer.

(Lösungscode: SB02PB01060)

Probeklausur 2

Bearbeitungsdauer	:	90min	4 Aufgaben

WICHTIG:
Das Ergebnis allein zählt nicht. Der Rechenweg muß erkennbar sein!

Aufgabe 1 : Verständnisfragen

1. Sind $\vec{a}, \vec{b} \in \mathbb{R}^n$, $\vec{a} \neq \vec{0} \neq \vec{b}$ und $\langle \vec{a}, \vec{b} \rangle = 1$ so gilt $|\vec{a}| = \frac{1}{|\vec{b}|}$

   □ wahr □ falsch

2. Besitzt die Matix $\mathcal{A}$ des (n,n)-LGS, $\mathcal{A} \cdot \vec{x} = \vec{0}$, den Rang $n-1$, so gilt

   □ Die Menge der Lösungen bildet eine Gerade.

   □ Es gibt keine Lösung.

   □ Die Menge der Lösungen ist eine Ebene, wenn $\operatorname{rg}(\mathcal{A}_{erw}) = n$.

3. Sei
$$\mathcal{A} = \begin{pmatrix} -2 & -1 & -3 \\ 1 & 0 & 1 \\ -2 & 1 & -1 \end{pmatrix}$$
   Welche Aussage ist wahr?

   □ $\mathcal{A}$ ist invertierbar.

   □ $\mathcal{A}^3 = \mathcal{E}_3$.

   □ Es gibt eine 3×3-Matrix $\mathcal{B} \neq \mathcal{N}$, so dass $\mathcal{A} \cdot \mathcal{B} = \mathcal{N}$.

4. Ist $\mathcal{A} \in M(2 \times 2, \mathbb{R})$ die darstellende Matrix einer Drehung im $\mathbb{R}^2$ (bzgl. der kanonischen Basen), dann sind die Spaltenvektoren orthogonal zu einander.

   □ Nein

   □ Ja

   □ Nicht immer, es kommt auf den Drehwinkel an.

Aufgabe 2
Betrachten Sie den euklidischen Vektorraum $\mathbb{R}^3$ mit der kanonischen Basis

$$\vec{e}_1 = \begin{pmatrix} 1 \\ 0 \\ 0 \end{pmatrix}, \vec{e}_2 = \begin{pmatrix} 0 \\ 1 \\ 0 \end{pmatrix}, \vec{e}_3 = \begin{pmatrix} 0 \\ 0 \\ 1 \end{pmatrix}$$

Diese drei Vektoren spannen ein Dreieck Δ im $\mathbb{R}^3$ auf.
Geben Sie mit Herleitung einen zweidimensionalen Unterraum $E \subset \mathbb{R}^3$ und eine orthogonale Projektion $p : \mathbb{R}^3 \longrightarrow E$ an, so dass $p(\Delta)$ ein gleichseitiges Dreieck bildet.

Aufgabe 3
Sei $\mathcal{A}_n = (a_{ij})_{i,j=1,\dots} \in \mathbb{R}^{n,n}$ mit

$$a_{ij} = \begin{cases} 1 & \text{falls } i > j \\ 0 & \text{falls } i = j \\ -1 & \text{falls } i < j \end{cases}$$

Bestimmen Sie den Rang der Matrix $\mathcal{A}_n$.

Aufgabe 4
Sei V ein endlich dimensionaler Vektorraum über einen Körper $\mathbb{K}$. Es sei $\phi : V \longrightarrow V$ eine lineare Abbildung, so dass es ein $k \in \mathbb{N}$ gibt, mit

$$\phi^k(\vec{x}) = \vec{0} \text{ für alle } \vec{x} \in V$$

Dabei sei k minimal gewählt. Zeigen Sie:

1. Es gibt ein $\vec{v} \in V$ so, dass die Vektoren $\vec{v}, \phi(\vec{v}), \phi^2(\vec{v}), \dots, \phi^{k-1}(\vec{v})$ linear unabhängig sind.
2. Sei $U = \text{span}\Big(\{\vec{v}, \phi(\vec{v}), \phi^2(\vec{v}), \dots, \phi^{k-1}(\vec{v})\}\Big)$. Dann ist U invariant unter ϕ, d. h. $\phi|_U = \phi(U) \subset U$.
3. $\dim(\text{Ker}(\phi|_U)) = 1$
4. Ist $\dim(V) = k + 1$, so folgt $\dim(\text{Ker}(\phi)) = 2$

(Lösungscode: SB02PB02090)

Probeklausur 3

Bearbeitungsdauer : 120min	4 Aufgaben

WICHTIG:
Das Ergebnis allein zählt nicht. Der Rechenweg muß erkennbar sein!

Aufgabe 1 : Verständnisfragen

1. Drei Vektoren im $\mathbb{R}^3$, alle ungleich dem Nullvektor, spannen immer den $\mathbb{R}^3$ auf.

   □ Wahr

   □ Falsch

2. Ist $T : \mathbb{R}^2 \longrightarrow \mathbb{R}^2$ eine Drehung um $\frac{\pi}{2}$, dann ist T^2

   □ die Nullabbildung.

   □ $id_{\mathbb{R}^2}$.

   □ Punktspiegelung zum Ursprung.

3. Ist
$$\mathcal{A} = \begin{pmatrix} 2 & 2 \\ 2 & 2 \end{pmatrix} \Rightarrow \mathcal{A}^n = 2^{n-1}\mathcal{A} \ (n \in \mathbb{N}).$$

   □ Wahr

   □ Falsch

4. Gegeben sei ein (n, n)-LGS, $\mathcal{A} \cdot \vec{x} = \vec{b}$. Gilt für den Rang von $\mathcal{A}$
$$\operatorname{rg}(\mathcal{A}) < \operatorname{rg}(\mathcal{A}_{\text{erw}}) = k \leq \min(m, n),$$
   so folgt für die Lösungsmenge, $\mathbb{L}$:

   □ $\mathbb{L}$ ist immer ein linearer Unterraum des $\mathbb{R}^n$.

   □ $\mathbb{L}$ ist ein Punkt.

   □ $\mathbb{L}$ ist leer.

Aufgabe 2
Betrachten Sie Zu einem Paar $(a,b) \in \mathbb{R}^2$ das lineare Gleichungssystem

$$\begin{aligned} 2x_1 + 2x_2 + (a+1)x_3 &= 2 \\ x_1 + 2x_2 + x_3 &= 0 \\ ax_1 + bx_3 &= -2 \end{aligned}$$

1. Für welche (a,b) besitzt das Gleichungssystem in $\mathbb{R}^3$ keine Lösung?
2. Setzen Sie $b = 1$ und bestimmen Sie alle Lösungen in Abhängigkeit von a.

Aufgabe 3
Sei $\mathcal{C}$ eine $n \times n$-Matrix. Betrachten Sie $\mathcal{A} = \begin{pmatrix} 0 & \mathcal{C} \\ -\mathcal{C} & 0 \end{pmatrix}$.
Zeigen Sie, dass die Summe der Diagonalelemente von $\mathcal{A}^{2k+1}$ immer Null ist für alle $k \in \mathbb{N}_0$.

Aufgabe 4
Betrachten Sie zu einer 2×2-Matrix $\mathcal{A} = \begin{pmatrix} -1 & 0 \\ 1 & 1 \end{pmatrix}$ die folgenden 4×4-Matrizen:

$$\mathcal{A}_1 = \mathcal{E}_4,\ \mathcal{A}_2 = \begin{pmatrix} \mathcal{A} & 0 \\ 0 & \mathcal{E}_2 \end{pmatrix},\ \mathcal{A}_3 = \begin{pmatrix} \mathcal{E}_2 & 0 \\ 0 & \mathcal{A} \end{pmatrix},\ \mathcal{A}_4 = \begin{pmatrix} \mathcal{A} & 0 \\ 0 & \mathcal{A} \end{pmatrix}$$

1. Geben Sie alle möglichen Produkte der Form $\mathcal{A}_i \cdot \mathcal{A}_j$ $(i,j \in \{1,2,3,4\})$ in einer geeigneten Multiplikationstabelle an.
2. Zeigen Sie, dass durch die Abbildung

$$[\,,\,] : \mathbb{R}^4 \times \mathbb{R}^4 \longrightarrow \mathbb{R}, \quad (\vec{x},\vec{y}) \mapsto [\vec{x},\vec{y}] = \frac{1}{4}\sum_{i=1}^{4} \langle \mathcal{A}_i\vec{x}, \mathcal{A}_i\vec{y} \rangle$$

   ein weiteres Skalarprodukt auf $\mathbb{R}^4$ definiert wird.
   ($\langle \cdot,\cdot \rangle$ ist das kanonische Skalarprodukt auf $\mathbb{R}^4$)
3. Zeigen sie, dass $[\mathcal{A}_j\vec{x}, \mathcal{A}_j\vec{y}] = [\vec{x},\vec{y}]$ für alle $\vec{x},\vec{y} \in \mathbb{R}^4$ und $j = 1,2,3,4$ gilt.

(Lösungscode: SB02PB03120)

7. Antworten Kurzaufgaben

Kurzaufgaben zum Verständnis 2.2.3

1. ☐ ☐ ☑
2. ☑ ☐
3. ☐ ☑
4. ☐ ☑
5. ☑ ☐
6. ☑ ☐
7. ☑ ☐
8. ☑ ☐
9. ☐ ☑

Kurzaufgaben zum Verständnis 2.3.3

1. ☐ ☑
2. ☐ ☑
3. ☐ ☑
4. ☐ ☑
5. ☐ ☑
6. ☑ ☐
7. ☑ ☐

G. Schlüchtermann und N. Mahnke, *Basiswissen Ingenieurmathematik Band 2*,
https://doi.org/10.1007/978-3-658-38482-1_7

Kurzaufgaben zum Verständnis 3.1.1
Die Checkboxen von oben nach unten sind hier von links nach rechts dargestellt.

1. ☑ ☐
2. ☑ ☐
3. ☐ ☐ ☑
4. ☐ ☑
5. ☑ ☐
6. ☐ ☑ ☐

Kurzaufgaben zum Verständnis 3.2.1

1. ☑ ☐
2. ☐ ☑
3. ☑ ☐
4. ☑ ☐
5. ☐ ☑
6. ☑ ☐

Kurzaufgaben zum Verständnis 4.2.1
Die Checkboxen von oben nach unten sind hier von links nach rechts dargestellt.

1. ☐ ☐ ☑
2. ☑ ☐ ☐
3. ☐ ☑ ☐
4. ☐ ☑ ☐
5. ☑ ☐ ☐
6. ☑ ☐ ☐

Kurzaufgaben zum Verständnis 4.3.1
Die Checkboxen von oben nach unten sind hier von links nach rechts dargestellt.

1. ☐ ☑ ☐
2. ☐ ☐ ☑
3. ☐ ☑ ☐
4. ☐ ☑
5. ☑ ☐
6. ☐ ☑
7. ☑ ☐
8. ☑ ☐

Kurzaufgaben zum Verständnis 5.2.1

1. (a) ☐ ☑ ☐
   (b) ☐ ☑ ☐
2. ☑ ☐ ☐
3. ☑ ☐ ☐
4. ☑ ☐ ☐

Literaturverzeichnis

[AHK] Arens, T., Hettlich, F., Karpfinger, Ch., Kockelkorn, U., Lichtenegger, K. und Stachel, H., Mathematik, Spektrum Verlag (2008)

[Brie1] Brieskorn, E., Lineare Algebra und analytische Geometrie I, Vieweg (1983)

[EV1] Erven, J. ,Mathematik für Ingenieure, Oldenbourg Verlag (2010)

[Fi1] Fischer, G., Lineare Algebra, Springer Spektrum (2017)

[HL1] Henze, N. und Last, G., Mathematik für Wirtschaftsingenieure, Band1, Vieweg Verlag (2004)

[HL2] Henze, N. und Last, G. Mathematik für Wirtschaftsingenieure, Band2, Vieweg Verlag (2004)

[Ja1] Jänich, K., Lineare Algebra, Springer (2013)

[PVK1] Precht, M., Voit, K. und Kraft, R. Mathematik 1 für Nichtmathematiker, 7.Auflage, Oldenbourg Verlag (2005)

[PVK2] Precht, M., Voit, K. und Kraft, R. Mathematik 2 für Nichtmathematiker, 7.Auflage, Oldenbourg Verlag (2005)

[SM01] Schlüchtermann G., Mahnke N., Basiswissen Ingenieurmathematik Band 1, 2.Auflage, Springer Vieweg (2021)

G. Schlüchtermann und N. Mahnke, *Basiswissen Ingenieurmathematik Band 2*,
https://doi.org/10.1007/978-3-658-38482-1

Sachwortverzeichnis

G. Schlüchtermann und N. Mahnke, *Basiswissen Ingenieurmathematik Band 2*,
https://doi.org/10.1007/978-3-658-38482-1

GPSR Compliance

The European Union's (EU) General Product Safety Regulation (GPSR) is a set of rules that requires consumer products to be safe and our obligations to ensure this.

If you have any concerns about our products, you can contact us on ProductSafety@springernature.com

In case Publisher is established outside the EU, the EU authorized representative is:

Springer Nature Customer Service Center GmbH
Europaplatz 3
69115 Heidelberg, Germany

Batch number: 10607164

Printed by Printforce, the Netherlands